ENTRETIENS SUR LA PHYSIQUE ET SUR L'HISTOIRE NATURELLE,

EN FRANÇOIS ET EN ALLEMAND;

Destinés aux Personnes qui veulent acquérir quelques notions de ces Sciences en s'exerçant dans les deux Langues.

PREMIERE PARTIE.

A NEUWIED SUR LE RHIN,
CHEZ LA SOCIÉTÉ TYPOGRAPHIQUE
ET A LEIPZIG,
CHEZ J. B. G. FLEISCHER.

1795.

UNTERHALTUNGEN
ÜBER
NATURLEHRE
UND
NATURGESCHICHTE,

DEUTSCH UND FRANZÖSISCH.

Denjenigen welche sich einige Kenntnisse in diesen Wissenschaften erlangen und sie in beiden Sprachen üben wollen, gewidmet.

ERSTER THEIL.

NEUWIED AM RHEIN,
Bey der Typographischen Gesellschaft,
Und zu finden
IN LEIPZIG, BEY J. B. G. FLEISCHER.

1795.

ENTRETIENS

FAMILIERS

SUR LA PHYSIQUE

ET

L'HISTOIRE NATURELLE.

Le Baron de *** eſt nouvellement marié. La guerre qui depuis trois ans plonge tant de familles dans la douleur & dans les larmes, l'a arraché des bras de ſa jeune épouſe. Abandonnée, dans un Château, à la compagnie d'une vieille Tante, elle ſe promenoit un matin dans la campagne avec cette parente. Le fils d'un fermier, qui étudioit en médecine, rencontra ces Dames. Pendant le tems des vacances, ſa converſation jettoit quelqu'intérêt ſur la ſolitude du château : il étoit fort inſtruit, & la jeune Baronne étoit avide d'acquérir des connoiſſances.

VERTRAUTE
UNTERHALTUNGEN
ÜBER
NATURLEHRE
UND
NATURGESCHICHTE.

Erst kürzlich hatte der Baron von *** geheirathet. Der Krieg, welcher ſeit drey Jahren ſo viele Familien in Wehmuth und Thränen verſezte, entriſs auch ihn den Armen ſeiner jungen Gattin.

Verlaſſen in ihrem Schloſs, blos von einer alten Tante umgeben, gieng ſie eines Morgens mit dieſer Verwandtin ins Feld ſpatzieren. Der Sohn eines Pachters, welcher Medizin ſtudirte, begegnete ihnen. So lange ſeine Ferien dauerten, gab ſeine Unterhaltung der Einſamkeit des Schloſſes einiges Jntereſſe. Er hatte viele Kenntniſſe, und die junge Baronne war ſehr begierig deren zu erwerben.

A

La Tante. Eh bien, Monſieur, ne l'avois-je pas dit? La nouvelle lune nous a rendu le beau tems. Nierez-vous encore que cet aſtre dirige les variations de l'atmoſphere?

Le Médecin. Jamais, Madame, je n'ai douté de l'influence de la lune, mais....

La Baronne. Nous vous diſpenſons, Monſieur, d'une épigramme contre notre ſexe.

Le Médecin. Je ne vois rien ici, Madame, qui puiſſe me rappeller cette injuſte plaiſanterie; il paroît certain que la lune influe, par ſa poſition à l'égard de la terre, par ſa proximité ou ſon éloignement, ſur les vents, ſur les vapeurs qui s'échappent de notre globe, ſur notre ſanté même, comme ſur le flux & reflux de la mer; mais ce n'eſt point par ſes apparences lumineuſes qu'il faut juger des inſtans où cet aſtre opere. Madame oublie que depuis trois jours nous avons nouvelle lune, & cependant la pluie qui nous a inondés pendant trois ſemaines, n'a ceſſé que cette nuit.

Die Tante. Nun, mein Herr, ſagt'ich es nicht? Der Neumond hat uns ſchönes Wetter gebracht. Werden Sie nun noch läugnen daſs dieſes Geſtirn die Veränderungen des Dunſtkreiſes leitet?

Der Mediziner. Noch nie, meine Gnädige, habe ich an dem Einfluſs des Mondes gezweifelt, allein....

Die Baronne. Wir erlaſſen ihnen, bey dieſer Gelegenheit, ein Epigramm auf unſer Geſchlecht.

D. M. Ich ſehe hier noch nichts was mich an dieſen ungerechten Scherz erinnern könnte. Es ſcheint gewiſs, daſs der Mond, durch ſeine Stellung auf die Erde, und durch ſeine Nähe oder Entfernung auf die Winde, auf die Dünſte die aus unſerm Erdball emporſteigen, ja, ſogar auf unſre Geſundheit ſo gut als auf die Ebbe und Fluth des Meers wirkt; allein die Zeiten in welchen dieſes Geſtirn wirkt, muſs man nicht aus ſeinen leuchtenden Erſcheinungen herleiten. Die Gnädige Frau vergeſſen, daſs wir ſchon ſeit drey Tagen Neulicht haben, und daſs demohngeachtet der drey Wochen lange Regen erſt heute Nachts aufgehört hat.

La Tante. Qu'importent deux ou trois jours de plus ou de moins ?

Le Médecin. C'eſt avec cette condeſcendance pour nos préventions, que l'on juſtifie aux yeux de ceux qui veulent bien s'y prêter, les opinions le plus clairement démenties par l'expérience; convenez-en, Madame, & obſervons ſans partialité, puiſqu'il nous eſt ſi facile de le faire, plûtôt que de nous livrer aveuglément à des idées tranſmiſes & conçues dans des tems d'ignorance.

La Baronne. Docteur, la lune qui ſe mêle toujours aſſez mal à propos de nos affaires, me faiſoit oublier une queſtion que je vous prie de réſoudre. Hier dans un intervalle que la pluie nous laiſſa, j'ai fait un tour ſur la terraſſe, & j'y ai remarqué une quantité d'eſpeces de champignons, d'un très-beau verd, qui n'y étoient pas deux heures avant, & dont on ne voyoit plus ce matin aucune trace. Expliquez-moi ce que ce peut être.

Le Médecin. C'eſt, Madame, le *Noſ-*

D. T. Was können drey Tage mehr oder weniger thun?

D. M. Eben durch diese Nachgiebigkeit gegen unsre Vorurtheile, rechtfertigen wir, in den Augen der Leichtgläubigen, diejenigen Meinungen welche uns die Erfahrung offenbar als falsch gezeigt hat; gestehn Sie dies nur ein, Madam, und lassen sie uns lieber, weil es uns so leicht ist, ohne Partheilichkeit beobachten, anstatt Ideen zu nähren, die noch in den Zeiten der Unwissenheit erzeugt und aufbewahrt worden sind.

D. B. Der Mond, Herr Dokter, der sich gewöhnlich zu unrechter Zeit in unsre Sachen mischt, ist auch jezt schuld daran, dass ich eine Frage vergass, welche ich Sie aufzulösen bitte. Gestern, als der Regen ein wenig aufhörte, machte ich einen Spaziergang auf die Terrasse, und bemerkte daselbst eine Menge sehr schön grüner Schwämme, welche zwey Stunden vorher nicht da waren, und wovon man heute Morgen, nicht die geringste Spur mehr sah. Erklären sie mir das doch.

D. M. Das ist das *Nostoc*, oder *Nos-*

toc (*), une véritable plante qui vient d'une graine, comme toutes les autres; car il y a peu de Naturalistes qui croyent maintenant à la génération spontanée (**). Sa croissance & son développement sont très rapides; il lui faut une humidité surabondante pour qu'elle prenne une certaine étendue. Si elle en est privée, elle se contracte au point de devenir presque imperceptible.

La Tante. Vous allez encore nous parler de votre plaisant systême. Vous aurez beau disserter, Monsieur, vous ne me persuaderez pas qu'il faut un pere & une mere à chaque misérable insecte, à chaque végétal.

Le Médecin. C'est pourtant une vérité que toutes les observations confirment. Les especes que leur petitesse

---

(*) *Tremella Nostoc*, Linnæi.

(**) On a supposé longtemps, & quelques Physiciens croyent encore que des combinaisons fortuites de la matiere produisent des corps organisés, même des animaux. C'est ce qu'on appelle génération spontanée.

toch, (*) eine wirkliche Pflanze, welche wie alle andere aus einem Saamenkorn entſteht; denn es giebt wenig Naturkundige mehr, welche noch an eine aus ſich ſelbſt, ohne andere Mitwürkung entſtehende Zeugung glauben. (**) Jhr Wachsthum und ihre Entwickelung geſchieht ſehr ſchnell. Um eine gewiſſe Gröſſe zu bekommen bedarf ſie einer übermäſſigen Feuchtigkeit. Sobald ſie deren beraubt iſt, zieht ſie ſich ſo zuſammen daſs ſie faſt unſichtbar wird.

D. T. Sie werden uns wieder etwas von ihrem ſpaſshaften Syſtem vorerzählen wollen. Allein alle ihre gelehrten Reden werden mich dennoch nicht überzeugen daſs jedes elende Jnſekt, jede Pflanze ſogar, einen Vater und eine Mutter haben muſs.

D. M. Und dennoch iſt das eine Warheit, welche alle gemachten Beobachtungen beſtättigen. Nur diejenigen

---

(*) *Tremella Noſtoc, Linnæi.*

(**) Man hat lange geglaubt, und einige Phyſiker glauben es noch, daſs zufällige Zuſammenfügungen der Materien, organiſirte Körper, ja ſogar Thiere hervor brächten. Dies nennet man Selbſtzeugung.

ou des formes bisarres nous empêchent de bien connoître, fournissent seules encore des armes aux défenseurs de la génération spontanée. Renfermez sous un bocal dans lequel les insectes ailés ne peuvent s'introduire, un morceau de viande, de fromage ou de toute autre substance facile à tomber en putréfaction, vous attendrez vainement qu'il s'y forme des vers. Retirez le bocal; les mouches viendront sur le champ déposer des œufs, les unes sur la viande, les autres sur le fromage; des vers en sortiront bientôt, & vous n'ignorez pas que ces vers sont les *larves* des mouches. On appelle larve, l'insecte dans son premier état, & avant d'avoir subi ses métamorphoses. Comme les chenilles sont les larves des papillons & ne parviennent à cet état parfait qu'après avoir passé quelque temps dans celui de feve ou chrysalide, les vers deviennent des mouches de l'espece qui les a engendrés.

La Tante. Moi, Monsieur, je dis que vos expériences, vos observations ne valent pas celles de tous les hom-

Thiere welche wir wegen ihrer kleinen oder ſonderbare Geſtalt nicht recht erkennen können, nur dieſe geben den Vertheidigern der Selbſtzeugung noch Waffen in die Hand. Stellen ſie ein Stück Fleiſch, Käſe, oder jede andere leicht faulende Subſtanz unter eine Gloke wohin die geflügelten Inſekten nicht kommen können, ſo werden ſie vergeblich auf Würmer warten. Nehmen ſie die gloke weg, ſo werden den Augenblik Mücken theils auf das Fleiſch, theils auf den Käſe ihre Eyer legen; bald werden Würmer daraus entſtehn, und Sie wiſſen doch daſs dieſe Würmer die *Larven* der Mücken oder Fliegen ſind. *Larve* nennt man das Inſekt in ſeinem erſten Zuſtand ehe es ſeine Verwandlung erlitten hat; ſo ſind die Raupen die Larven der Schmetterlinge, und kommen nicht eher zu dieſem vollkommen Zuſtande, als bis ſie eine Zeitlang Puppe (Dattel, Nymphe, Khryſalide) geweſen ſind; ſo werden die Würmer zu Fliegen, von derſelbe Art der ſie ihr daſeyn verdanken.

D. T. Und ich, mein Herr, ich ſage ihnen daſs ihre Erfahrungen und Beobachtungen lange nicht ſo gut ſind, als

mes qui, depuis Adam, ont reconnu que les vers naissent de la pourriture & la vermine de la mal-propreté.

Le Méd. Ne faites pas à nos ancêtres, Madame, l'injure de croire qu'ils se sont tous abandonnés à ce préjugé. Les mœurs des insectes ont été peu étudiées jusqu'au siecle dernier; on se bornoit à examiner assez légerement leurs formes, & à connoître le mal qu'ils pouvoient faire. Il ne faut pas confondre avec des observations attentives les opinions adoptées sans examen & transmises sans réflexion. Lorsque des compagnies nombreuses sont rassemblées dans une promenade, un beau jour de printemps, croyez-vous qu'elles sont nées des grains de sable de l'allée où vous les voyez se mouvoir? La plupart des insectes sont pourvus des moyens de se transporter rapidement d'un endroit à l'autre, & l'instinct le plus délié leur indique le lieu fertile en pâture convenable pour eux, celui où ils déposeront leurs œufs avec plus d'avantage pour leurs descendans. Cet instinct apprend aux

die aller Menschen; welche, von Adam an, bemerkt haben daſs die Würmer aus der Fäulniſs, und des Ungeziefer durch die Unsauberkeit entstehen.

D. M. Bechimpfen Sie doch ihre Vorfahren nicht dadurch, daſs Sie glauben sie hätten alle diesem Vorurtheil angehangen. Die Lebensart der Insekten wurde bis zum lezten Jahrhundert wenig beobachtet. Man begnügte sich damit, so ziemlich obenhin ihre Gestalt, und den Schaden welchen sie thun können zu untersuchen. Man muſs aufmerksame Beobachtungen nicht mit Meinungen verwechseln, welche ohne Untersuchung angenommen, und ohne Ueberlegung verbreitet wurden. Wenn an einem schönen Frühlingstage zahlreiche Gesellchaften spatzieren gehen, glauben Sie dann, daſs sie aus den Sandkörnern enstanden sind, welche unter ihren Füssen liegen? Die meisten Insekten haben das Vermögen sich schnell von einem Ort zum andern zu bringen, und der feinste Instinct zeigt ihnen den an Futter fruchtbarsten Ort an, wo sie am vortheilhafesten für ihre Brut die Eyer hinlegen können. Dieser Instinct lehrt

puces, par exemple, que la peau des enfans mal-propres fournira une nourriture abondante à leur progéniture; l'odeur qui annonce une famille nombreuse & mal-soignée, les attire & ne les produit pas. Examinez au microscope l'organisation des plus petits insectes; vous la trouverez aussi parfaite que celle des grands animaux, & vous reconnoîtrez qu'il est également absurde d'attribuer à la matiere putréfiée, la faculté de produire d'elle-même un taureau & une abeille.

La Baronne. A vous entendre, Monsieur, on croiroit que tuer une puce, c'est plonger toute une famille dans la douleur & dans les larmes.

Le Médecin. La tendresse des animaux pour leurs petits paroît bornée au temps où ceux-ci ont besoin des soins de leurs parents. Les insectes ovipares ne reçoivent pas même d'eux cette portion de tendresse. Le ver toujours placé par sa mere au milieu de la pâture qui lui convient, en est oublié quand elle a rempli cette loi sacrée de la prévoyante nature. L'homme seul qui a deux manieres d'exister,

z. B. die Flöhe dafs die Haut schmutziger Kinder ihrer Brut überflüssige Nahrung gewähren wird; der Geruch welcher eine zahlreicheund unsaubere Familie anzeigt lokt sie an, aber er erzeugt sie nicht. Untersuchen sie mit dem Mikroskop die Organisation der kleinsten Insekte, so werden sie dieselbe eben so vollkommen finden als die der grösten Thiere; so werden sie einsehen dafs es gleich unsinnig ist, der faulenden Materie die Erzeugung eines Stiers oder einer Biene beyzumessen.

D. B. Wenn man Ihnen glauben soll, so stürzt man also durch den Mord eines Flohes, eine ganze Familie in Trauer und Trænen.

D. M. Die Zärtlichkeit der Thiere für ihre Jungen scheint sich nur auf die Zeit einzuschränken wo sie noch der Sorgfalt ihrer Eltern bedürfen. Die Eyerlegende Insekten geniessen diesen Theil ihrer Zärtlichkeit nicht einmal. Der Wurm, welchen seine Mutter immer mitten in sein Futter legt, wird von ihr vergessen, sobald diese heilige Pflicht der vorsichtigen Natur erfüllet ist. Nur der Mensch, welcher zwey Arten

le ſentiment qui émane de ſon ame immortelle, & ſes rapports phyſiques, s'attache à ſes enfans à meſure qu'ils s'élevent ; ſentiment qui fait le malheur de ſa vie, quand ils n'y répondent point. Dans notre eſpece, les ſoins néceſſaires au bonheur des enfans doivent s'étendre bien au-delà des limites fixées pour les autres animaux dont l'éducation eſt purement phyſique. L'éducation morale n'a point de terme, & lorſque nous croyons la nôtre finie, nous éprouvons à chaque inſtant le beſoin des conſeils d'amis sûrs & attachés à notre bonheur, & ceux à qui nous devons la vie ſont les ſeuls dignes de notre confiance entiere.

La Tante. Bon cela. Votre morale vaut mieux que vos nouvelles idées en phyſique.

La Baronne. Ma Tante, je ſens que mon cœur n'a pas beſoin qu'on l'avertiſſe de ſes devoirs, & l'expérience apprend aſſez combien la jeuneſſe eſt à plaindre ſans guide. Permettez que je continue d'interroger Monſieur ſur

zu existiren, die aus seine Unsterblichen Seele strömende Empfindung und seine Physischen Verhältnisse hat, vermehrt seine Anhänglichkeit für seine Kinder mit ihrem Emporwachsen; ein Gefühl welches das Unglück seines Leben macht, wenn sie dieser Liebe nicht entsprechen. Bey unsrer Geschlechts-Art muss die zum Glück der Kinder nöthige Sorgfalt weit über jene Gränzen gehen, welche den andern Thieren deren Erziehung blos physisch ist, gesetzt sind. Die moralische Erziehung hat keinen bestimmten Zeitpunkt, und oft wann wir die unsrige vollendet glauben, fühlen wir jeden Augenblick das Bedürfniss des Raths sicherer und theilnehmender Freunde und diejenigen denen wir das Leben verdanken, sind allein unsres völligen Zutrauens würdig.

D. T. Brav! Ihre Moral ist besser als ihre neuen Jdeen in der Physik.

D. B. Jch fühle, liebe Tante, dass mein Herz einer Erinnerung an seine Pflicht nicht bedarf, und die Erfahrung lehrt es hinlänglich wie sehr die Jugend ohne Führer zu beklagen ist. Erlauben sie dass ich fortfahre den Herrn über

die

les ſecrets qu'il a commencé de me dévoiler.

Le Médecin. C'eſt la nature elle-même qu'il faut interroger, Madame, pour apprendre ſes ſecrets. Obſervez les plantes, ſuivez les progrès de leur végétation, étudiez leurs fonctions, ſuivez les inſectes dans leurs retraites ſans chercher à leur nuire; conſidérez leur marche, épiez leurs actions; l'obſervation ſeule peut vous donner des réſultats certains dans l'étude de l'hiſtoire naturelle; ce que l'obſervation ne peut atteindre n'eſt qu'hypotheſe plus ou moins vraiſemblable. Les théories les plus accréditées pourroient bien n'être que de jolis romans.

La Baronne. Je deſirerois cependant que vous me donnaſſiez quelques-unes de ces notions préliminaires ſans leſquelles il me ſemble que je ne puis rien apprendre. J'ai depuis longtemps un vif deſir de lier connoiſſance avec ces êtres de toute eſpece qui habitent le même ſol que moi, & qui me paroiſſent ſur-tout ſi intéreſſans depuis que

Geheimnisse zu fragen, die er mir zu enthüllen angefangen hat.

D. M. Die Natur selbst, meine Gnädige, müssen sie fragen, wenn sie ihre Geheimnisse ergründen wollen. Beobachten Sie die Pflanzen, folgen Sie den Fortschritten ihrer Vegetation; studieren sie ihre Functionen; folgen Sie den Insekten, ohne ihnen zu schaden, in ihre Wohnungen; betrachten sie ihren Gang, spähen Sie ihre Handlungen aus. Nur Beobachtungen können Ihnen sichere Resultate in dem Studio der naturgeschichte geben. Das was die Beobachtung nicht erreichen kann, ist blos eine mehr oder minder wahrscheinliche Hypothese. Es könnte leicht seyn dass die Theorien, welche am meisten Credit haben, doch nur schöne Romane sind.

D. B. Jch wünschte dennoch dass Sie mir einige von den vorläufigen Kenntnissen mittheilten, ohne welche man, wie es mir scheint, nichts lernen kann. Schon lange hege ich den sehnlichen Wunsch mit den Wesen aller Art, welche mit mir einerlei Boden bewohnen, naehere Bekanntschaft zu machen; sie scheinen mir besonders so interessant,

que je ſais qu'ils ont une famille. Mais j'ignore juſqu'aux premiers principes de phyſique ; il faut ſans doute en ſavoir quelque choſe pour étudier l'hiſtoire naturelle. Vous avez aſſocié les plantes avec les animaux ; je ne comprends point leur analogie ; les trois regnes me paroiſſent bien ſéparés, bien différens l'un de l'autre ; vous me direz auſſi ce que c'eſt que les quatre élémens.

Le Médecin. Je vous obéirai, Madame, mais écartons toute prévention en faveur d'hypotheſes & d'erreurs même évidentes, qui ſe ſont perpétuées depuis Ariſtote, & qui exiſtoient ſans doute longtems avant lui. La tradition ſans examen d'âge en âge cede en ce ſiecle aux lumieres du raiſonnement & de l'obſervation. A la vérité de nouvelles viſions ont quelquefois remplacé les anciennes, & l'on flotte ſouvent entr'elles & d'anciens préjugés. Souffrez qu'en paſſant légérement ſur les idées générales, je vous invite à n'ajouter pas plus de foi aux ſuppoſitions modernes, qu'à certaines idées

feitdem ich weis dafs fie Familien ausmachen. Allein auch in den erften Grundfätzen der Phyfick bin ich unwiffend, und dennoch mufs man zweifelsohne etwas davon wiffen, wenn man die Naturgefchichte ftudieren will. Sie haben die Pflanzen und die Thiere vergefellfchaftet; diefe Analogie begreife ich nicht; die drey Reiche fcheinen mir fehr getrennt, fehr verfchieden von einander. Auch müffen Sie mir fagen was die vier Elemente find.

D. M. Ich werde Ihnen gehorchen, gnädige Frau; allein wir müffen dann auch, alle Vorliebe fogar für folche evidente Hypothefen und Irrthümer verbannen welche fich feit Ariftoteles fortgepflanzt und vielleicht fchon lange vor ihm exiftirt haben. Die von Zeitalter zu Zeitalter fortgehende Unterfuchungslofe Tradition, mufs in unferm Jahrhundert dem Licht der Vernunft und der Beobachtung weichen. Freilich haben manchmal neue Traumbilder die alten erfezt, und man fchwankt oft zwifchen ihnen und alten Vorurtheilen. Erlauben Sie alfo dafs ich über die allgemeinen Ideen leicht hinweggehe und Sie

consacrées, pour ainsi dire, par leur vétusté. Nous retournerons le plus promptement que nous le pourrons à l'observation, la vraie pierre de touche de la vérité.

La Tante. Pour moi qui ai fini mes études, vous trouverez bon, ma nièce, que j'aille dîner; ainsi remettez à un autre temps votre cours de chymie & de botanique.

La Baronne. Je compte sur vous, Monsieur, pour cet après-diner.

---

bitte, den neuern Vermuthungen eben so wenig Glauben beyzumessen als gewissen Ideen, welche durch ihr graues Alter so zu sagen geheiligt sind. Wir werden, so geschwind als möglich, zur Beobachtung zurükkehren, welche der ächte Probierstein der Wahrheit ist.

D. T. Ich, die ich meine Studien geendigt habe, werde, wenn Sie es erlauben, zu Mittag speisen; setzen Sie also ihren chemischen und botanischen Kursum auf eine andere Zeit aus.

D. B. Diesen Nachmittag, Herr Doktor, rechne ich also auf Sie.

SECOND ENTRETIEN.

La Tante. Votre mari fera bien étonné, ma Nièce, de vous trouver, à son retour, aussi savante que vous paroissez vouloir le devenir.

La Baronne. Je n'ai point la prétention d'être jamais une femme savante; mais l'étude, celle sur-tout des connoissances qui vivifient, pour ainsi dire, jusqu'aux êtres inanimés dont nous nous approchons, me promet de grandes jouissances. Et vous l'avouerai-je, ma Tante, je rougis de ma nullité dans la société de mon mari; vous savez combien il m'est cher; mes momens heureux sont ceux que je passe avec lui, & j'y suis cependant toujours en peine. Mon ignorance doit être un fardeau pour lui, & je crains de devoir à sa complaisance seule des entretiens où je ne suis point à sa portée. Il a de l'esprit & des connoissan-

ZWEYTE UNTERHALTUNG.

D. T. Ihr Mann, Nichte, wird ſich wundern Sie bey ſeiner Rükkunft ſo gelehrt zu finden, als Sie es werden wollen.

D. B. Ich werde nie Anſprüche auf den Titel einer gelehrten Frau machen; allein das Studium derjenige Kenntniſſe welche, ſo zu ſagen, ſogar die lebloſen Weſen, denen wir uns nähern, beleben, verſpricht mir viel Vergnügen. Und, um Ihnen alles zu geſtehen, liebe Tante, ich erröthe über meine Nichtigkeit in der Geſellchaft meines Mannes; Sie wiſſen wie theuer er mir iſt; meine glücklichſten Augenblike verlebe ich in ſeiner Geſellſchaft, und dennoch bin ich immer verlegen darinnen. Meine Unwiſſenheit muſs ihm zur Laſt ſeyn, und ich fürchte ſehr die Unterhaltungen in welchen ich ſo weit unter ihm ſtehe, blos ſeiner Gefälligkeit verdanken zu

ces étendues : s'il en fait uſage, je ne puis le comprendre ; s'il ſe met à mon niveau, quel intérêt peut lui inſpirer ma converſation ? Les femmes ſe plaignent ſouvent à tort de ce que leurs maris cherchent ailleurs qu'auprès d'elles une ſociété qu'elles négligent de leur rendre agréable. Il me ſemble qu'ayant au moins des connoiſſances élémentaires & générales, je pourrai inſpirer à mon mari le deſir de les cultiver. On s'attache à ſon propre ouvrage, & je me flatte que ce nouveau lien le retiendra près de moi. En cherchant à m'inſtruire, je crois travailler en même tems à ſa ſatisfaction & à mon bonheur.

La Tante. C'eſt très-bien penſer, ma Nièce, & duſſé-je prendre un peu d'humeur en m'entendant contrarier par notre jeune Licentié, je me prêterai volontiers à de ſi louables intentions. Voilà notre ſavant qui s'approche. Toujours obſervant, comme il le dit, voyez le s'arrêter à chaque

müssen. Er hat Kopf und grosse Kenntnisse; wenn er diese gebraucht, so verstehe ich ihn nicht; läst er sich zu mir herab, was für Interesse gewährt ihm dann meine Unterhaltung? Die Weiber klagen oft sehr ungerechterweise dass ihre Männer andere Gesellschaften suchen, da sie ihnen doch die ihrige nicht angenehm zu machen trachten. Wenn ich nur die ersten und allgemeinen Kenntnisse hätte, so däucht mir würde ich ihm den Wunsch einflössen sie zu cultiviren. Man hat immer eine gewisse Anhänglichkeit für sein eignes Werk und ich schmeichle mir dass dieses neue Band ihn immer an mich fesseln wird. Wenn ich nun so nach Unterricht und Kenntnissen trachte, so glaube ich immer für sein Vergnügen und mein Glük zu arbeiten.

D. T. Das ist sehr edel gedacht, Liebe, und wenn ich auch über die Widersprüche unsers jungen Doktors ärgerlich werden sollte, so werde ich doch solche lobenswürdige Absichten unterstützen. Doch — da kommt ja unser Gelehrter! Sehen Sie, wie der immerwährende Beobachter sich bey jeder Pflanze des

plante du parterre ! Eh bien, Docteur, vous avez ſans doute fait là votre cour à quelque famille de pucerons de votre connoiſſance ?

Le Médecin. Cela eſt vrai, Madame, & je confeſſe que ces Meſſieurs, ſans ébranler mon opinion, ne laiſſent pas de m'embarraſſer. J'ai renfermé ſous un bocal un puceron qui bientôt a fait des jeunes. J'ai mis quelques-uns de ceux-ci à l'inſtant de leur naiſſance, chacun ſéparément, ſous un bocal; quelques minutes après chaque bocal renfermoit une famille, & en répétant cette opération, j'ai vu cette multiplication ſolitaire s'opérer ſans qu'aucun des défenſeurs de la marche uniforme de la nature pût me donner une explication ſatisfaiſante de cette ſingularité.

La Tante. Je crois que la nature vous joue ſouvent de ces tours, à vous, Meſſieurs, qui voulez lui preſcrire des loix.

Le Médecin. Permettez-moi, Madame, de ne point prendre ce reproche pour moi. Je répete ſans ceſſe qu'en

Parterres aufhält! Nun, Doktor, Sie haben vermuthlich da irgend einer Familie Blattläuse von Ihrer Bekanntschaft den Hof gemacht?

D. M. Sie haben es getroffen, gnädige Frau, und ich muss gestehen, dass diese Familien, ohne meine Meinung zu erschüttern, mich dennoch in Verlegenheit setzen. Ich habe eine Blattlaus unter eine gläserne Gloke gethan, wo Sie sogleich Jungen machte. Von diesen sezte ich einige, von dem Augenblik ihrer Geburt an, ebenfalls jede besonders unter eine Gloke, und siehe.... einige Minuten darauf enthielt die Gloke schon eine Familie! So wiederholte ich diese Versuche und sahe diese Vermehrung immer vor sich gehen, ohne dass irgend ein Vertheidiger des gleichförmigern Ganges der Natur mir eine befriedigende Erklärung dieser sonderbare Erscheinung hätte geben können.

D. T. Ich glaube die Natur spielt euch Herrn oft solche Streiche, weil ihr sie hofmeistern wollen.

D. M. Erlauben Sie, Madam, dass ich diesen Vorwurf von mir ablehne. Ich werde nicht müde es zu wiederhohlen,

physique, en histoire naturelle, il n'y a rien de certain que les faits vérifiés par des observations exactes & faites sans prévention.

La Baronne. Docteur, commençons notre cours. D'abord les élémens. Je sais parfaitement qu'il y en a quatre : l'air, l'eau, la terre & le feu.

Le Médecin. Et c'est précisément, Madame, ce que je ne sais pas. Depuis longtemps on regarde ces quatre substances comme les élémens primitifs des corps; mais beaucoup de physiciens prétendent, & leur opinion est très-vraisemblable, que l'air n'existe point, que ce que nous nommons ainsi n'est autre chose que la réunion des vapeurs qui s'échappent des autres corps. L'eau ne peut être regardée comme principe élémentaire que sous le rapport de sa fluidité. Or, qu'est-ce qu'un élément qui change d'essence à un changement de saison? Si l'action du froid fait perdre à l'eau sa fluidité, ce ne peut être que par la diminution des parties de feu qui en-

dafs in der Naturlehre fo wie in der Naturgefchichte nichts gewifs ift, als folche Thatfachen welche ohne Vorurtheil durch genaue Beobachtungen beftättigt find.

D. B. Herr Doktor, laffen Sie uns unfern Kurfum anfangen. Erft die Elemente. Ich weifs fchon fehr wohl dafs ihrer vier find, Erde, Luft, Waffer, Feuer.

D. M. Und, grade das, meine Gnädige, weifs ich nicht. Schon lange, fah man diefe vier Subftanzen als die urfprünglichen Elemente der Körper an; allein viele Naturkündige behaupten, und ihre Meinung ift fehr wahrfcheinlich, dafs die Luft gar nicht exiftirt, und dafs dasjenige was wir Luft nennen, nichts anders ift als die Sammlung von Dünften, welche aus andern Körpern empor fteigen. Dafs Waffer kann nur in Betracht feiner Flüffigkeit als Elementar - Grundftoff betrachtet werden. Was ift das nun aber für ein Element, welches fein Wefen mit der Jahreszeit verändert? Wenn die Wirkung der Kälte dafs Waffer feiner Flüffigkeit beraubt, fo kann dies blos daher rühren, dafs

trent dans sa composition. Si l'eau est un corps composé, elle n'est point un élément.

La Baronne. Cela me paroît clair. Reste la terre & le feu.

Le Médecin. On entend par terre élémentaire la matiere *solide*, dans cet état de parfaite simplicité dont nous ne pouvons nous former qu'une idée abstraite. A telle perfection que la chymie ait été portée de nos jours, il paroît que tous les produits de ses opérations sont encore fort composés. L'existence de cet élément n'est susceptible d'aucune discussion. Il en est de même du feu. C'est vous dire, Madame, que je ne puis me former une idée nette que de deux élémens: la terre & le feu. La matiere réduite à un état parfait de simplicité ne me paroît susceptible que de deux propriétés: la solidité & la fluidité. Le feu est évidemment le principe de toute fluidité comme du mouvement, & conséquemment l'agent universel de tous les phénomenes naturels.

die Feuertheile welche im Waſſer enthalten ſind, wermindert werden. Wenn daſs Waſſer alſo ein zuſammengeſezter Körper iſt, ſo iſt es kein Element.

D. B. Das ſcheint mir klar. Es bleiben alſo die Erde und das Feuer übrig.

D. M. Unter Elementar Erde verſteht man die *feſte* Materie in jenem vollkommen einfachen Zuſtande, wovon wir uns blos einen abgezogenen Begriff machen können. So ſehr die Chymie in unſern Tagen vervollkommnet worden iſt, ſo ſcheint es dennoch daſs alle Produkte ihrer Operationen noch ſehr zuſammen geſezt ſind. Die Exiſtenz dieſes Elements bedarf keiner Unterſuchung. Eben ſo iſt es mit dem Feuer. Ich will alſo ſagen daſs ich mir nur von zween Elementen, der Erde und dem Feuer, einen deutlichen Begriff machen kann. Die auf einen vollkommen einfachen Zuſtand reduzirte Materie ſcheint mir nur zweyer Eigenſchaften fähig: der Feuer Feſtigkeit und der Flüſſigkeit. Des iſt unwiderſprechlich der Urgrund aller Flüſſigkeit ſo wie der Bewegung, und folglich die einzige Wirkſamkeit jedes natürlichen Phænomens.

D.

La Tante. Et moi, Monſieur, je vous dis qu'il y a quatre élémens : la terre, le feu, l'air & l'eau. Vous aurez beau diſſerter, je n'y changerai rien. A propos, j'ai une confidence à vous faire, mon cher Docteur, c'eſt que ma Niéce n'a pas le deſſein d'aller argumenter ſur les bancs, & ne prétend pas à la gloire de ſiéger dans les académies. Voyez comme du Noſtoc ces ſavans vous menent aux atteliers les plus cachés de la nature. Si cette bonne mere ne veut pas que nous ſachions quels ſont les élémens des corps, ne nous en embarraſſons pas.

La Baronne. Il faut pourtant, ma Tante, avoir quelque idée de ces choſes-là. Il eſt poſſible qu'il n'y ait aucune utilité réelle à en retirer ; mais elles ont le plus grand droit à notre curioſité. Monſieur, tels que ſoient les élémens des corps, comment ceux-ci, par la réunion de particules de matiere fluide & ſolide, peuvent-ils devenir ſuſceptibles de ces propriétés qui les diſtinguent & les rangent dans un grand nombre d'eſpeces ?

L.

D. T. Und ich ſage Ihnen daſs es vier Elemente giebt: Erde, Luft, Feuer, Waſſer. Ich verändere nichts daran, und wenn Sie noch ſo gelehrt ſprechen. Apropos, ich muſs Ihnen auch noch etwas im Vertrauen offenbaren. Meine Nichte will nicht auf dem Catheder argumentiren, auch begehrt ſie nicht in den Academien zu ſitzen. Seht doch, wie uns die Herrn Gelehrten vom Noſtoc in die geheimſten Werkſtätten der Natur zu führen wiſſen. Wenn dieſe gute Mutter nicht haben will, daſs wir die Elemente der Körper kennen ſollen, ſo wollen wir uns auch nicht darum bekümmern.

D. B. Liebe Tante, man muſs doch wenigſtens eine Idee von dieſen Dingen haben. Es iſt wohl möglich daſs man keinen wirklichen Nutzen daraus ziehen kann; allein ſie haben doch den gröſſten Anſpruch auf unſere Neugierde. Aber, Herr Doktor, die Elemente der Körper mögen ſeyn wie ſie wollen, wie werden dann die Körper ſelbſt, bey der Vereinigung von flüſſigen und feſten Theilen, der jenigen Eigenheiten fähig, wodurch ſo verſchiedene Arten derſelben entſtehen?

Le Médecin. Par leur forme, par la forme générale qui résulte de celle de chacune de leurs parties. Des formes dépendent toutes les opérations, tous les phénomenes de la physique. C'est la forme des parties qui se séparent du corps auquel elles appartiennent, qui détermine le genre d'odeur qui s'en exhale; c'est elle qui le rend amer ou agréable au goût, comme âpre ou doux au toucher; c'est la forme enfin du tout & de ses parties qui le range dans la classe des animaux, des végétaux ou des pierres, en le rendant susceptible de propriétés différentes.

La Baronne. Ce seroit pousser trop loin mes recherches que de vouloir connoître comment les élémens d'abord, ensuite les particules de matiere déjà composées, se rapprochent & se réunissent pour se recomposer de mille manieres & produire les corps des différens regnes; je conçois d'ailleurs que la nature a des moyens variés pour opérer ces merveilles.

D. M. Durch ihre Form, durch die allgemeine Form, welche aus der Form jedes ihrer einzelnen Theile entsteht. Von den Formen hängen alle Operationen, alle Phænomene der Physick ab. Von der Form der Theile, die sich von einem Körper trennen, hängt die Art des Geruchs ab, welchen sie aushauchen; sie macht einen Körper bitter oder süss für den Geschmack, rauh oder sanft für das Gefühl; kurz, die Form des Ganzen oder seiner Theile sezt einen Körper in diese oder jene Klassevon Thieren, Pflanzen oder Steinen, indem sie ihn verschiedener Eigenheiten fähig macht.

D. B. Ich würde meine Untersuchungen zu weit treiben, wenn ich wissen wollte, wie zuerst die Elemente und dann die schonzusammengesezten Theilchen von Materien, sich einander nähern und sich vereinigen, um sich auf Tausenderley Arten zusammenzusetzen und dann die Körper der verschiedenen Naturreiche hervor zu bringen. Ich begreife übrigens, dass die Natur verschiedene Arten haben wird, diese Wunder hervorzubringen.

Le Médecin. Les moyens que la nature emploie pour la reproduction des corps, sont à peu-près les mêmes pour les animaux & les végétaux. On voit dans l'embryon, dans l'œuf & dans la graine, les formes qui doivent constituer un animal, une plante, un arbre, déjà établies & déterminées. Les particules qui doivent s'y joindre soit pour sa croissance & son développement, soit ensuite pour sa conservation, auront une figure, une conformation, analogue à celle de l'individu à la composition duquel elles sont destinées; aussi chaque animal ne tire des aliments, & chaque végétal, de la terre, que ce qui lui convient; l'un & l'autre rejettent ou refusent ce qui n'est point propre à leur composition. Les physiciens attribuent aux corps qui ne sont point organisés, une autre maniere de se reproduire & de s'accroître. Les premiers, disent-ils, se nourrissent, se réparent & augmentent leur volume par intus-susception; les autres, par exemple, les fossiles, par juxta-position. Cette distinction me paroît futile. Dans les animaux & dans

D. M. Die Mittel, welche die Natur zur Wiedererzeugung (Reproduction) der Körper gebraucht, sind fast die nehmlichen bey Thieren und Vegetabilien. Man sieht im Embrio, im Ey und im Samenkorn die schon angeordneten und bestimmten Formen, welche ein Thier, eine Pflanze, einen Baum bilden sollen. Die Theilchen, welche sich, es sey nun zu seinem Wachsthum und zu seiner Entwikelung, oder hernach zu seiner Erhaltung, hinzufügen sollen, haben eine, dem Individuo zu dessen Composition sie bestimmt sind, anpassende (analoge) Gestalt. So bezieht jedes Thier von den Nahrungsmitteln und jede Pflanze von der Erde nur das was ihnen schiklich ist; beide verwerfen was zu ihrer Composition nicht passt. Die Naturkündiger legen den nicht-organischen Körpern eine andere Art sich zu vermehren und zu wachsen, bey. Die organischen Körper, sagen sie, nähren, herstellen und vermehren ihre Grösse durch *Intussusception*; die andern aber, z. B. die Fossilien, durch *Juxtaposition*. Diese Distinction kommt mir kleinlich vor. Bey den Thieren und Pflanzen, wie bey den Mineralien, ver-

les végétaux comme dans les minéraux, les nouvelles particules se lient aux autres; remplissent les vuides que la déperdition a produits, ou fournissent successivement ce qui manque au corps qui se forme. Que cette opération se fasse par des vaisseaux organiques ou par une simple pénétration, ce n'est toujours qu'une juxta-position. Cette matiere qui se combine de tant de manieres a entr'autres la propriété bien démontrée d'une divisibilité extrême. Il est aussi inutile qu'impossible de savoir si cette divisibilité s'étend à l'infini. Cette question cependant a produit entre les philosophes des querelles sérieuses. Ces discussions superflues sont très nuisibles au progrès des sciences.

La Tante. Vous avez prononcé votre arrêt. N'arrêtez pas vous-même la rapidité de nos progrès en nous entretenant de théories & d'hypotheses. Au fait, M. l'Avocat.

Le Médecin. L'histoire naturelle en effet considere les corps tels qu'ils s'offrent à nos yeux; mais il faudroit se borner à une simple nomenclature, si

binden sich die neuen Theilchen mit den andern und füllen die Leere wieder an, welche ein Abgang von Substanz hervor gebracht hat, oder reichen nach und nach was an dem sich bildenden Körper fehlt. Diese Operation mag nun durch organische Gefässe oder durch blosses Eindringen geschehen, so ist es doch immer nur Juxtaposition. Diese Materie, welche sich auf so viele Arten zusammensezt, hat unter andern auch noch die erwiesene Eigenschaft einer ausserordentlichen Theilbarkeit. Ob diese Theilbarkeit bis ins Unendliche geht, ist eben so unnöthig als unmöglich zu wissen. Dennoch hat diese Frage unter den Philosophen ernsthafte Streitigkeiten veranlaßt. Solche überflüssige Discussionen aber sind den Fortschritten der Wissenschaften sehr hinderlich.

D. T. Sie haben Ihr Urtheil selbst gesprochen. Halten Sie ebenfalls unsere Fortschritte nicht durch Ihre Theorien und Hypothesen auf. Zur Sache, mein Herr.

D. M. Freilich, betrachtet die Naturgeschichte die Körper nur so, wie sie sich unserm Auge darstellen; allein man müsste sich auf eine blosse Nomencla-

on vouloit bannir de cette étude tout ce qui eſt, à proprement parler, du reſſort de la phyſique.

La Baronne. Je ne vous fais grace d'aucune explication phyſique. Mais le tems de vos vacances eſt trop court pour ſuivre méthodiquement une étude auſſi vaſte. Reportons notre entretien ſur les trois regnes, & au ſur & à meſure que l'occaſion s'en préſentera, permettez-moi des queſtions.

Le Médecin. Les corps naturels ont été diviſés par tous les phyſiciens en trois claſſes qu'ils ont nommées les trois regnes. Muſchenbrœck a eſſayé d'en ajouter une quatrieme qu'il appelloit le regne atmoſphérique. Cette innovation n'a pas réuſſi. En effet, ce regne qu'il compoſoit de vapeurs, ſe trouvoit n'être que le produit de la décompoſition des autres. Si nous ceſſons de regarder l'air comme un élément, il faudra cependant bien en faire une claſſe ſéparée, ce qui rameneroit l'idée de Muſchenbrœck.

D'autres mettent enſemble les ani-

tur einschränken, wann man aus diesem Studium alles das verbannen wollte, was eigentlich in die Physick gehört.

D. B. Ich spreche Sie von keiner einzigen physikalische Erklärung los. Allein Ihre Ferien sind zu kurz um eine so weitläufige Wissenschaft durchzugehen. Lassen Sie uns wieder von den 3 Naturreichen sprechen und je nachdem es die Gelegenheit mit sich bringt, erlauben Sie mir zu fragen.

D. M. Die natürlichen Körper sind von den Naturkündigern in drey Klassen eingetheilt worden, welche man die drey Reiche nennt. Muschenbroek hat es versucht eine 4te Klasse hinzu zu fügen, welche er das Atmosphärische Reich nannte; allein diese Neuerung hat kein Glück gemacht, denn es fand sich dass das Reich, welches er aus Dünsten zusammensezte, nur das Produkt der Auflösung der andern Reiche war. Wenn wir auf hören wollen die Luft als ein Element zu betrachten, so müssen wir doch eine besonder Klasse daraus machen, und dies würde auf Muschenbroecks Idee zurükführen.

Andere setzen die Thiere und Pflan-

maux & les végétaux qui ſont en effet rapprochés par beaucoup de propriétés communes & ſous pluſieurs rapports; ces phyſiciens ne diviſent les corps naturels qu'en deux claſſes: le regne organique & le regne inorganique.

La Tante. De grace, Monſieur, ne nous écartons plus des idées reçues. Quatre élémens & trois regnes.

Le Médecin. On a ainſi caractériſé chacun de ces trois regnes. — L'animal croît, vit & ſent; il a des vaiſſeaux & des nerfs: le végétal croît, vit & ne ſent point; il a des vaiſſeaux & point de nerfs: le minéral ou foſſile croît, ne vit & ne ſent point; il n'a ni vaiſſeaux ni nerfs. Une des raiſons qui ont pu donner l'idée de ranger les animaux & les végétaux dans la même claſſe, c'eſt que l'on ne connoît point exactement les limites qui ſéparent ces deux regnes; l'obſervation les fera peut-être découvrir un jour.

La Tante. Et l'agneau de Scythie, Monſieur, ce plaiſant Borometz, le

zen, welche sich in der That durch viele gemeinschaftlichen Eigenchaften und in mehrerem Betracht einander nähern, in eine Klasse. Diese Physiker theilen die natürlichen Körper blos in 2 Klassen, das organische und das unorganische Reich ein.

D. T. Ich bitte sehr, lassen Sie uns doch bey den angenommenen Ideen bleiben: vier Elemente und drey Reiche.

D. M. Jedes dieser drey Reiche hat man folgendermassen charakterisirt: das Thier wächst, lebt und empfindet; es hat Gefässe und Nerven; die Pflanze wächst, lebt nnd empfindet nicht; sie hat Gefässe und keine Nerven; das Mineral oder Fossil wächst; es lebt aber nicht und empfindet nicht; es hat weder Gefässe noch Nerven. Eine von den Ursachen welche zu der Idee, die Thiere und Vegetabilien in eine Klasse zu setzen, Gelegenheit gegeben haben mögen, ist die, dass man die Gränzen welche diese beiden Reiche von einander trennen, nicht genau kennt; vielleicht lehrt sie die Beobachtung einst kennen.

D. T. Und jenes Scythiche Lamm, das komische Borometz, rechnen sie das

comptez-vous pour rien ? Il tient à la terre par ses racines, & broute comme un animal les malheureuses plantes assez mal avisées pour croître à sa portée. Il me semble que voila le point de séparation des deux regnes.

La Baronne. Oh, je sais très parfaitement, moi, ma Tante, ce qui en est. Mon mari qui a voyagé en Sybérie m'a parlé de cette plante. Ce n'est autre chose qu'une espece de fougere dont le tronc adopte souvent une forme ressemblante à celle du corps d'un agneau. Ce tronc est comme celui de la plupart des fougeres, recouvert d'especes d'écailles découpées ou de fausses feuilles, qui prennent l'apparence d'une toison. Cette plante est très vorace, mais par ses racines; elle appauvrit la terre au point qu'autour d'elle aucun végétal ne peut trouver la subsistance nécessaire à son accroissement. Voilà le sujet du roman qu'ont accrédité des voyageurs qui ont mal observé ou qui ont voulu s'amuser à nos dépens.

Le Médecin. Cela est très vrai, Madame, & s'il existoit vraiment un ani-

für nichts? Mit seinen Wurzeln steht es in der Erde und frisst wie ein Thier die unglüklichen Pflanzen ab welche dumm genug sind in seiner Nähe zu wachsen. Mir scheint es als wäre das der Trennungspunkt der beiden Reiche.

D. B. Was es damit für ein Bewantnis hat, liebe Tante, weiss ich recht gut. Mein Mann, der in Siberien gereisst ist, hat mir davon erzählt. Es ist nichts anders als eine Art Farrenkraut dessen Stamm oft eine Gestalt hat die einem Lamme gleicht. Dieser Stamm ist, wie der aller Gattungen von Farrenkraut, mit einer Art aus geschnittener Schuppen oder falscher Blätter bedeckt, welche wie ein Fell aussehen. Diese Pflanze ist sehr gefrässig, aber blos durch ihre Wurzeln; sie zehrt die Erde so aus, dass um sie herum keine Pflanze die nöthige Nahrung zu ihrem Wachsthum finden kann. Dies hat Gelegenheit zu dem Roman gegeben, welchen verschiedene Reisende, die schlecht beobachteten oder sich auf unsre Kosten lustig machen wollten, bestättigt haben.

D. M. So ist es, Madam, und wenn auch wirklich ein Pflanzenthier existir-

mal-plante, cette dégradation insensible ne feroit, ce me semble, que rendre plus naturelle la réunion des deux regnes en une seule. M. de Buffon ne veut pas que nous ajoutions foi à la chaine générale des êtres. Il n'y a, selon lui, dans la nature, que des individus, & il est aussi difficile de les ranger en familles naturelles que de prouver leur série, c'est-à-dire, leurs rapports successifs & une progression de perfection depuis l'être le plus simple, le plus dépourvu de propriétés, jusqu'à l'homme.

La Tante. Allons prendre le thé, ma Nièce, notre Docteur a tant péroré qu'il doit avoir besoin de se désaltérer, & je doute que votre mémoire puisse suffire à retenir tout ce dont vous voulez la charger à la fois.

---

te, so würde diese unmerkliche Abstufung, wie es mir scheint, die Vereinigung der beiden Reiche in eins, noch natürlicher machen. H. von Buffon will nicht dass wir an die Kette der Wesen glauben sollen. Nach ihm, giebt es in der Natur blos Individuen, und es ist eben so schwer sie in natürliche Familien einzutheilen, als ihre Reihe, das heisst ihre successiven Verhältnisse und eine Vervollkommungs progression von dem einfachsten, Eigenschaftslosesten Wesen an bis zum Menschen, zu beweisen.

D. T. Lassen Sie uns Thee trinken, Nichte; unser Doktor hat so viel perorirt, dass er Durst haben wird, und Ihr Gedächtnis wird schwerlich die Dinge behalten, womit Sie es auf einmal belasten.

DRITTE

TROISIEME ENTRETIEN.

La Baronne. J'ai beaucoup réfléchi, Monsieur, sur le refus que vous faites à l'air de l'honneur d'être un des élémens primitifs des corps naturels, & je ne conçois pas qu'une substance aussi nécessaire à l'existence de l'homme, des animaux, des végétaux, & qui joue un si grand rôle dans toutes les opérations de la nature, ne soit qu'un amas de vapeurs résultant de la décomposition des corps.

Le Médecin. Ceux qui n'admettent point l'air au nombre des élémens, attribuent au feu qui entre dans sa composition tous les effets qu'il produit.

La Baronne. Que l'air soit un élément différent du feu, ou ne soit uniquement, comme vous paroissez le croire, qu'une réunion de particules subtiles

DRITTE UNTERHALTUNG.

D. B. Ich habe lange darüber nachgedacht, Herr Doktor, dafs Sie die Luft der Ehre, eins der urfprünglichen Elemente der natürlichen Körper zu feyn, berauben wollen, und ich begreife nicht wie eine, zur Exiftenz der Menfchen, der Thiere, der Vegetabilien fo nöthige, und in den Operationen der Natur eine fo groffe Rolle fpielende Subftanz, nichts weiter als eine Häufung von Dünften feyn foll, welche aus der Auflöfung der Körper entftehen.

D. M. Diejenigen welche die Luft nicht als ein Element annehmen, legen dem Feuer, welches fich in der Zufammenfetzung der Luft befindet, alle Wirkungen derfelben bey.

D. B. Die Luft mag nun ein vom Feuer unterfchiedenes Element oder, wie Sie zu glauben fcheinen, blos eine Vereinigung von fubtilen, durch das Feuer

ſubtiles miſes en action & dans un état de fluidité par le feu, il me paroît bien intéreſſant d'en connoître les propriétés.

Le Médecin. Nous parlerons d'abord de ſa peſanteur. Conſidérez votre barometre, Madame; le mercure qu'on y a verſé cédant à la peſanteur de la colonne d'air qui le comprime, s'éleve dans le tube fermé hermétiquement & exactement purgé d'air à une hauteur de 26 à 29 pouces.

La Baronne. Je conçois parfaitement que la colonne d'air gravitant ſur le mercure dont la ſurface eſt découverte dans le réſervoir du barometre, le chaſſe dans le tube purgé d'air. Il s'enſuit donc qu'une colonne d'air de toute la hauteur de l'atmoſphere eſt du même poids qu'une colonne de vif-argent de 26 à 29 pouces.

Le Médecin. Sans doute, & qu'une colonne d'eau de 32 pieds. Si l'on faiſoit des barometres avec de l'eau, elle s'éleveroit dans le tube à cette hauteur.

La Baronne. Ce ſont apparemment

in Bewegung und in eine Art von Flüſſigkeit geſezten Theilchen ſeyn, ſo wäre es mir doch ſehr intereſſant ihre Eigenſchaften kennen zu lernen.

D. M. Znerſt wollen wir von ihrer Schwere reden. Betrachten Sie Ihren Barometer, gnädige Frau; das hineingegoſsene Queksilber hebt ſich, indem es der Luftſäule die es drükt nachgiebt, bis zu einer Höhe von 26 bis 29 Zoll, in der hermetiſch geſchloſſenen und von Luft genau gereinigten Röhre, empor.

D. B. Ich begreife es ſehr gut daſs die Luftſäule den Merkurium, deſſen Oberfläche in dem Behälter des Barometers offen iſt, durch ihre Gravitation (Druck) in die von Luft gereinigte Röhre treibt. Es folgt alſo daraus daſs eine Luftſäule von der ganzen Höhe der Atmoſphäre eben ſo ſchwer iſt, als eine Säule von Queksilber von 26 bis 29 Zoll.

D. M. Freilich, und eben ſo ſchwer als eine Waſſerſäule von 32 Füſs, denn wenn man Barometere mit Waſſer machte, ſo würde es in der Röhre ſo hoch ſteigen.

D. B. Vermuthlich ſind es die Verän-

les variations de la pesanteur de l'atmosphere qui occasionnent celles de l'élévation du mercure dans le tube.

Le Médecin. Le poids de l'atmosphere peut varier à raison du plus ou moins de vapeurs humides qu'il contient ; mais comme elles se soutiennent d'elles-mêmes dans un milieu aussi léger qu'elles, on doit croire que la pression de l'air sur le mercure du barometre varie plutôt à raison de son dégré d'élasticité. C'est l'opinion du P. Paulian. En effet, lorsqu'à l'approche de la pluie, l'air nous paroit plus lourd, & qu'il est chargé d'humidité, le mercure descend, & l'air est en ce moment beaucoup moins élastique.

La Baronne. Vous m'obligerez, Monsieur, de m'expliquer ce que c'est que l'élasticité. Il en est pour moi de ce terme, comme de beaucoup d'autres qui expriment des choses auxquelles nos yeux sont accoutumés. On croit les connoître, & l'on n'en peut rendre compte.

derungen in der Schwere des Dunſtkreiſes, welche die Veränderungen im Emporſteigen des Merkurs in der Röhre verurſachen.

D. M. Das Gewicht der Atmoſphäre kann ſich nach Verhältniſs der gröſſern oder kleinern Menge von feuchten Dünſten, welche ſie enthält, verändern; allein da dieſelbe ſich ſelbſt in einer ihnen gleich leichten Mitte empor halten, ſo muſs man eher glauben daſs die Veränderung des Drucks der Luft auf den Barometer vielmehr von ihrem Grad der Elaſticität abhängt. Das iſt P. Paulians Meinung. In der That, wann uns bey Annäherung des Regens die Luft ſchwerer ſcheint und ſie mit Feuchtigkeiten belaſtet iſt, ſo fällt das Queksilber, und die Luft iſt in dem Augenblik viel weniger elaſtiſch.

D. B. Sie würden mich ſehr verbinden wenn Sie mir erklärten was Elaſticität iſt. Es geht mir mit dieſem Ausdruck wie mit vielen andern, welche Sachen ausdrücken an die unſere Augen gewöhnt ſind. Man glaubt ſie zu kennen und kann doch nicht Rechenſchaft davon geben.

Le Médecin. Un corps élaſtique eſt celui auquel le choc & la compreſſion font changer de figure, & qui enſuite reprend plus ou moins la figure qu'il vient de perdre. Prenez, par exemple, une lame d'acier, tenez-en les deux extrémités entre les doigts, & courbez-la en forme d'arc; vous ſentirez l'effort qu'elle fera pour reprendre ſa premiere figure, & elle la reprendra en effet à l'inſtant que vous retirerez vos doigts.

La Baronne. Une boule d'ivoire eſt ſans contredit un corps fort élaſtique, elle réjaillit promptement. Nous ne voyons cependant pas que, par le choc, elle perde ſa premiere figure.

Le Médecin. Elle la perd cependant, & il eſt facile d'en acquérir la preuve. Enduiſez une table de marbre d'une légere couche de ſuif; faites tomber perpendiculairement une boule d'ivoire bien ronde ſur cette table, tantôt d'une plus grande, tantôt d'une moindre hauteur; l'empreinte qu'elle laiſſera ſur le ſuif, vous prouvera qu'elle

D. M. Ein elaſtiſcher Körper iſt ein ſolcher den ein Stoſs oder Druk ſeiner Geſtalt beraubt und der darauf mehr oder weniger ſeine ſo eben verlohrne Geſtalt wieder annimmt. Packen Sie, z. B., die beiden Ende einer ſtählernen Klinge zwiſchen die Finger, und bringen Sie dieſelbe in Geſtalt eines Bogens, ſo werden Sie die Gewalt empfinden welche dieſe Klinge anwendet um ihre vorige Geſtalt wieder zu bekommen, und ſie wird dieſelbe auch wirklich wieder annehmen, ſobald Sie Ihre Finger zurückziehen.

D. B. Eine elfenbeinerne Kugel iſt ohne Widerrede ein ſehr elaſtiſcher Körper, ſie prallt ſchnell zurük; dennoch ſehen wir nicht daſs ſie durch den Stoſs ihre erſte Geſtalt verliert.

D. M. Demohngeachtet verliert ſie dieſelbe und es iſt leicht, den Beweis davon zu haben. Ueberziehen Sie einen marmornen Tiſch mit einer dünnen Deke von Talg. Laſſen Sie dann eine ganz runde elfenbeinerne Kugel, bald ſehr hoch, bald niedriger, perpendiculär auf den Tiſch herab fallen; ſo wird der auf dem Talg gebliebene Ab-

s'eſt applatie plus ou moins ſuivant la hauteur de la chûte & la violence du choc. C'eſt parce qu'elle reprend très promptement ſa forme, qu'au lieu de rouler ſur le marbre, elle rejaillit ſur elle-même à plus ou moins de hauteur ſuivant la force avec laquelle elle a été lancée, ou, ce qui revient au même, ſuivant l'élévation d'où elle eſt tombée.

La Baronne. Il eſt maintenant très évident à mes yeux que ſi la boule ne s'applatiſſoit pas ou ſi elle ne creuſoit pas le marbre, & il me ſemble que les deux effets peuvent ſe produire en même temps, on ne verroit ſur l'enduit du ſuif que la marque de quelques points de contact comme ſi on avoit placé doucement la boule ſur la ſurface unie. Revenons à l'élaſticité de l'air.

Le Médecin. Je dois commencer, Madame, par vous expliquer deux états dans leſquels l'air ſe trouve alternativement : la compreſſion ou condenſation, la dilatation ou raréfaction.

druck Ihnen beweifen dafs fie, nach Maasgabe der gröffern oder kleinern Höhe und der Heftigkeit des Stoffes, platt geworden ift. Eben weil fie ihre Geftalt fchnell wieder annimmt, prallt fie, ftatt auf dem Marmor fortzurollen, nach fich felbft zurück, zu einem Grad der Höhe, welcher von der Gewalt mit welcher fie geworfen wurde, oder, was deffelbe ift, von der Höhe von welcher fie gefallen ift, abhängt.

D. B. In meinen Augen ift es jetzt fehr evident dafs, wann die Kugel nicht platt würde, oder den Marmor nicht höhlte (welche zwey Wirkungen, wie es mir fcheint, zugleich gefchehen können) fo würde man auf dem Ueberzug von Talg nichts als das Zeichen einiger Berührungspunkte fehen, gradeals wenn man die Kugel fanft auf die glatte Oberfläche gelegt hätte. Doch laffen Sie uns auf die Elafticität der Luft zurück kommen.

D. M. Ich mufs damit anfangen Ihnen zweyerley Zuftand in welchen fich die Luft wechfelsweife befindet, zu erklären: die Zufammendrückung oder Verdickung, und die Auseinanderdehnung oder Verdünnung.

Par la compression un corps occupe un espace plus petit qu'il occupoit, & par la dilatation il prend un plus grand volume. La chaleur est la cause la plus générale de la dilatation de l'air, comme le froid est la cause la plus ordinaire de sa compression. On peut attribuer en ces occasions la raréfaction & la condensation de l'air à la présence ou à l'absence d'un plus grand nombre de parties de feu élémentaire. Un corps ne peut être comprimé qu'en chassant le fluide dont il est pénétré ; sa dilatation ne peut être produite que par l'introduction d'un fluide qui sépare les parties. C'est ce que l'on peut remarquer d'une maniere très-sensible avec une éponge & de l'eau. Le fusil à vent prouve à la fois la compressibilité & l'élasticité de l'air. Vous n'ignorez pas, Madame, que l'air y étant comprimé par le moyen d'une pompe foulante, il chasse, lorsqu'on le rend à lui-même, une balle

Durch die Zuſammendrückung nimmt ein Körper einen kleinern Raum ein als vorher, und durch die Ausdehnung bekommt er einen gröſſern Umfang. Die Hitze iſt die allgemeinſte Urſache der Ausdehnung der Luft, ſo wie Kälte die allgemeinſte Urſache von der Zuſammendrückung derſelben iſt. Man kann bey dieſen Gelegenheiten die Verdünnung oder Verdickung der Luft der Gegenwart oder abweſenheit einer gröſſern Menge elementariſcher Feuertheilchen beymeſſen. Ein Körper kann nur dadurch zuſammengedrückt werden, daſs das Flüſſige von dem er durchdrungen iſt, fortgeſchaft wird; ſeine Ausdehnung aber kann nur durch das Eindringen eines Flüſſigen weches die Theile trennt, geſchehen. Dies kann man auf eine ſehr auffallende Art mit einem Schwamm und Waſſer ſehen. Die Windbüchſe beweiſst zu gleicher Zeit die Fähigkeit der Luft zuſammengedrückt werden zu können (Compreſſibilität) und ihre Elaſticität. Sie werden wohl wiſſen, gnädige Frau, daſs die Luft, wenn ſie in einer Windbüchſe, vermittelſt einer Pumpe mit einem Druckwerk zuſammengedrängt

qui va porter la mort à ſoixante-dix pas.

Ces propriétés de l'air étoient néceſſaires à connoître pour expliquer beaucoup de phénomenes naturels.

La Baronne. Ces premieres notions me donnent, Monſieur, le plus grand deſir d'en acquérir de plus étendues; mais je ſens que cette étude demande du temps & de l'application. Si vous voulez me continuer vos inſtructions cet hyver, je ne doute point que mon mari ne les reçoive également avec plaiſir. Je ſais d'ailleurs que ſon intention eſt de ſe former un cabinet de phyſique expérimentale.

Le Médecin. C'eſt le ſeul moyen d'acquérir des connoiſſances sûres, & d'apprécier des théories qui ſéduiſent ſouvent ſans avoir de réalité.

La Baronne. Je voudrois mettre à profit le peu de temps que les vacances vous laiſſeront à la campagne pour viſiter les inſectes & les plantes, & étudier ce que vous appellez leurs mœurs & leurs uſages. Cependant avant d'examiner ces corps, ne fau-

ift, und dann fich felbft wieder überlaffen wird, ein Kugel forttreibt welche auf 70 Gänge noch tödlich ift.

Es war nöthig diefe Eigenfchaften der Luft zu kennen, um viele Natur Phänomene zu erklären.

D. B. Diefe erften Begriffe machen mich aufferordentlich begierig noch ausgebreitetere zu erlangen; allein ich fühle dafs diefes Studium Zeit und Anftrengung erfordert. Wenn Sie Ihren Unterricht den Winter über fortfetzen wollten, fo bin ich überzeugt dafs mein Mann ebenfalls mit Vergnügen Theil daran nehmen wird. Ich weifs aufferdem auch dafs er fich ein Cabinet zur Experimentalphyfick anlegen will.

D. M. Das ift das einzige Mittel fichere Kanntniffe zu erwerben und Theorien zu würdigen, welche oft verführen ohne Realität zu haben.

D. B. Ich wünfchte die wenige Zeit welche Ihnen Ihre Ferien noch erlauben auf dem Lande zu bleiben, dazu anzuwenden die Infekten und Pflanzen zu befuchen und das zu ftudieren, was Sie ihre Sitten und Gebräuche nennen. Mufs ich aber nicht, ehe

droit-il pas que j'eusse une idée des autres élémens qui entrent dans leur composition, & de quelques phénomenes qui influent certainement sur leur existence.

Le Médecin. Je regarde le feu comme le principe de toute vie physique. Il est juste de vous en parler, puisque vous vous proposez de considérer ses effets. C'est le fluide par excellence, & peut-être le seul qui le soit par son essence. Sans fluidité il ne peut y avoir de mouvement ; & c'est le mouvement qui produit tous les phénomenes de la nature. Mais ce qui va vous étonner ; je suis convaincu que le feu n'a par lui-même aucune chaleur....

La Tante. Il y a longtemps que je vous laisse pérorer ; mais celui-là est trop fort, & je n'y puis tenir.

Le Médecin. Daignez m'écouter, Madame ; si la chaleur n'est que l'effet du mouvement, le feu si subtil, si pénétrant, si actif, sera la cause de la chaleur, échauffera les corps, en mettant leurs parties dans une agitation extraordinaire qui finira par les

ich diefe Körper unterfuche, einen Begriff von den andern in ihrer Zufammenfetzung befindlichen Elementen und von einigen Phänomenen haben, welche auf ihre Exiftenz wirken.

D. M. Ich fehe das Feuer als den Grund alles phyfifchen Lebens an. Billig ift es mit Ihnen davon zu fprechen, weil Sie fich vornehmen feine Wirkungen zu betrachten. Es ift das vornehmfte Flüffige und vielleicht das einzige Flüffige durch fein Wefen felbft. Ohne Flüffigkeit kann es keine Bewegung geben; die Bewegung hingegen bringt alle Phänomene der Natur hervor. Allein ich bin überzeugt, worüber Sie fich wundern werden, dafs das Feuer durch fich felbft gar keine Hitze hat.....

D. T. Schon lange laffe ich Sie ruhig peroriren, aber das Stück ift zu ftarck als dafs ich es aushalten könnte.

D. M. Hören Sie nur, gnädige Frau. Wenn die Hitze blos die Wirkung der Bewegung ift, fo mufs das Feuer, welches fo fubtil, fo durchdringend, fo thäthig ift, die Urfache der Hitze feyn; es wird die Körper erhitzen, indem es ihre Theile in eine aufferordentliche

détruire..., & il ne fera point chaud par lui-même ou avant d'être combiné avec une matiere quelconque. La lumiere n'eft autre, felon prefque tous les phyficiens, que le feu lui-même, & elle n'a aucune chaleur.

La Baronne. Vous m'avez armé vous-même, Monfieur, contre toutes les préventions. Je vous écoute avec le plus grand intérêt; mais d'après vos propres avis, je me garderai bien de me former aucun fyftême avant d'être plus éclairée.

Le Médecin. Et plus vous acquerrez de lumieres & de connoiffances, Madame, plus vous ferez en défiance contre les idées les plus féduifantes que l'obfervation ne peut juftifier d'une maniere irréfutable. Je vais encore beaucoup furprendre Madame votre Tante en difant que je regarde l'eau comme un corps folide par fa nature. C'eft cependant la conféquence de ce que nous avons dit précédemment, en ne fuppofant qu'un feul fluide, le feu, qui communique cette propriété aux corps auxquels il s'unit intimément.

Selon

Bewegung sezt, welche mit ihrer Zerstörung endigt.... und es muss nicht heiss durch sich selbst seyn, oder ehe es mit irgend einer Materie verbunden ist. Das Licht ist, nach fast allen Physikern, nichts anders als das Feuer selbst und doch hat es keine Hitze.

D. B. Sie haben mich sebst gegen alle Vorurtheile bewaffnet. Ich höre Ihnen mit dem grösten Interesse zu, allein Ihrem eigenen Rath zu folge, werde ich mich sehr hüten irgend ein System anzunehmen ehe ich noch erleuchteter bin.

D. M. Und jemehr Licht und Kenntnisse Sie sich erwerben werden, desto misstrauischer werden Sie gegen die verführerischten Ideen seyn, wenn sie die Beobachtung nicht auf eine unwidersprechliche Art rechtfertigen kann. Ihre Frau Tante wird wieder sehr erstaunen, wenn ich sage dass ich das Wasser als einen in seiner Natur festen Körper ansehe. Und dennoch ist das eine Folgerung von dem was wir vorher gesagt haben, als wir nur einen flüssigen Körper annahmen, nemlich das Feuer, welches diese Eigenschaft den Körpern womit

Selon moi il entre dans la composition de l'air comme partie essentielle, dans celle de l'eau comme partie accidentelle, mais habituelle; les autres corps que leur composition & la figure de leurs parties destinent à être solides, ne reçoivent de lui la fluidité que lorsqu'il les pénetre avec assez de violence pour y causer cette agitation extrême qui produit une grande chaleur. Les corps qui, comme les métaux & les matieres vitrifiables, cédent à son action & en supportent l'effet, acquierent de la fluidité & la conservent tant que dure la présence du feu; ceux que la forme de leurs parties empêche d'entrer en fusion, en sont détruits. Le feu entraîne celles de leurs parties qui sont susceptibles d'être volatilisées avec lui, & la désorganisation totale du corps qui brûle, ne laisse à sa place qu'un résidu qui ne conserve rien de ses premieres formes; une chaux ou des cendres.

es sich genau verbindet mittheilt. Nach meinem System tritt es in die Zusammensetzung der Luft als wesentlicher Theil, in das Wasser hingegen als zufälliger aber gewöhlicher Theil, ein. Die andern Körper welche durch ihre Zusammensetzung und die Gestalt ihrer Theile zu festern Körpern bestimmt sind, empfangen die Flüssigkeit nur alsdann von ihm, wann es sie mit hinlänglicher Heftigkeit durchdringt um jene ausserordentliche Bewegung hervor zu bringen aus welcher eine grosse Hitze entsteht. Diejenigen Körper welche, wie die Metalle und verglaslichen Materien, seiner Lebhaftigkeit nachgeben, und ihre Wirkung aushalten, erlangen die Flüssigkeit und behalten sie so lange als die Gegenwart des Feuers dauert; diejenigen Körper aber, welche die Form ihrer Theile am schmelzen hindert, werden von ihm zerstöhrt. Das Feuer nimmt diejenigen ihrer Theile welche der Verflüchtigung fähig sind, mit sich hinweg, und die gänzliche Desorganisation des brennenden Körpers läßt an seiner Stelle nichts als ein Rückbleibsel welches nichts von sein ersten Formen bey behält, Kalk oder Asche, zurück.

La Baronne. Le feu est donc à la fois le principe de la vie, la cause de la destruction, le principe de la fluidité & la cause de la volatisation des corps. Ceci me paroît prouvé & sortir de la classe des hypotheses. Ainsi le chapitre de cet élément nous amene à celui des vapeurs qui parcourent l'atmosphere. Elles seront, si vous le trouvez bon, le sujet de notre premier entretien.

La Tante. Monsieur, avant de nous séparer, dites-moi en confidence si c'est votre sérieux lorsque vous avancez que l'eau ne coule pas, & que le feu n'a point de chaleur.

Le Médecin. L'eau n'a de fluidité que lorsqu'elle contient une surabondance de parties de feu, & la chaleur qui n'est autre chose qu'une agitation de parties, est l'effet d'une certaine combinaison que le feu ne forme pas toujours avec les autres corps.

D. B. Das Feuer ist alſo zugleich der Urſtoff des Lebens, die Urſache der Zerſtöhrung, die Quelle der Flüſſigkeit und die Urſache der Verflüchtigung der Körper. Dies ſcheint mir aus der Klaſſe der Hypotheſen hervor gegangen und bewieſen zu ſeyn. Alſo bringt uns das Capitel von dieſem Element auf die Dünſte welche die Atmoſphäre durchlaufen. Dieſe ſollen, wenn Sie es für gut finden, der Gegenſtand unſerer nächſten Unterhaltung ſeyn.

D. T. Herr Doktor, ehe wir uns trennen, ſagen Sie mir doch im Vertrauen, ob es Ihr Ernſt iſt wenn Sie behaupten daſs das Waſſer nicht flöſſe und das Feuer keine Hitze habe?

D. M. Das Waſſer hat nur dann Flüſſigkeit wann es einen Ueberfluſs von Feuertheilen enthält, und die Hitze, welche nichts anders iſt als eine heftige Bewegung der Theile, iſt die Wirkung einer gewiſſer Verbindung, welche das Feuer nicht immer mit andern Körper bildet.

QUATRIEME ENTRETIEN.

La Baronne. Les corps naturels ſont donc, Monſieur, continuellement ſoumis à l'action du feu, & conſéquemment dans un état conſtant ou prochain de diſſolution.

Le Médecin. La vie n'eſt, Madame, qu'une déperdition & une réparation continuelle, & tous les corps naturels ſubiſſent cette loi. C'eſt à la circulation non interrompue de la matiere que notre globe & tous les êtres qui l'habitent doivent la continuation de leur exiſtence. L'atmoſphere qui entoure le globe terraqué, & dont vous deſirez que nous nous entretenions aujourd'hui, en reçoit à chaque inſtant des particules qu'il lui rend enſuite. Le nuage & la pluie nous en fourniſſent un exemple particuliére-

VIERTE UNTERHALTUNG.

D. B. Die natürlichen Körper sind also der Wirkung des Feuers beständig unterworfen und folglich in einem immerwährenden Zustand der Auflösung oder demselben doch nahe.

D. M. Das Leben ist blos eine immerwährende Ab-und Zunahme, und alle natürlichen Körper sind diesem Gesetz unterworfen. Unsere Erdkugel und alle Wesen die sie bewohnen verdanken die Fortdauer ihres Daseyns der ununterbrochenen Circulation der Materie. Die Atmosphäre welche diese Erdkugel umgiebt und wovon wir uns, Ihrem Wunsche gemäss, heute unterhalten wollen, empfängt jeden Augenblick Theilchen von ihr, welche sie ihr in der Folge wiedergiebt. Die Wolken und der Regen geben uns besonders ein deutliches Beispiel hievon. Die Sonne wirft unaufhörlich Feuertheilchen auf unsern Erd-

ment ſenſible. Le ſoleil lance ſans ceſſe ſur notre globe des particules de feu qui, réjailliſſant des corps ſur leſquels elles frappent ſans ſe combiner avec eux, produiſent la lumiere ſans chaleur. Celles qui en pénétrant les corps, portent l'agitation dans quelques-unes de leurs parties, produiſent la chaleur; celles qui détachent les parties des corps en s'uniſſant avec elles, les dilatent au point de les volatiliſer, & les entraînent dans l'atmoſphere. C'eſt ce qui arrive particulierement aux parties acqueuſes, la quantité de feu qui tient l'eau dans un état fluide rendant cette ſubſtance plus acceſſible que toute autre à ces nouvelles parties ignées dont la ſurabondance la réduit en vapeurs. Les feux ſouterrains paroiſſent concourir auſſi à la formation de ces vapeurs qui montent dans l'atmoſphere juſqu'à ce qu'elles ſe trouvent dans une région où elles ſont de la même peſanteur que la violence d'air qu'elles déplacent. L'air devient plus léger à meſure qu'il s'éloigne de la ſurface

ball; diese prallen von den Körpern welche sie treffen ohne sich mit ihnen zu vermischen, wieder zurück und bringen das Licht ohne Hitze hervor. Diejenigen Feuertheilchen welche die Körper durchdringen und in einige ihrer Theile heftige Bewegung bringen, bringen die Hitze hervor; diejenigen aber welche die Theile von den Körpern trennen indem sie sich mit ihnen vereinigen, dehnen sie so sehr aus, daſs sie dieselben verflüchtigen, und in die Atmosphäre mit sich fortnehmen. Dieses widerfährt besonders den wässerichten Theilen, da die Menge Feuers, welche das Wasser in einem flüssigen Zustand erhält, diese Substanz mehr als jede andere jenen neuen Feuertheilen aussezt, deren Ueberfluſs sie in Dünste verwandelt. Auch die unterirrdischen Feuer scheinen zur Bildung dieser Dünste beyzutragen, welche so lange in der Atmosphäre empor steigen bis sie sich in einer Region befinden wo sie eben so schwer sind, als der Luftraum den sie verdrängen. Die Luft wird immer leichter je mehr sie sich von der Erde entfernt; dies ist eine leicht zu begreifende

de la terre; c'eſt une vérité facile à comprendre, & qui n'a pas beſoin de démonſtration. Les vapeurs de l'eau bouillante ſe réſolvent en gouttes d'eau en s'arrêtant ſur une ſurface plus froide, phénomene que l'on peut obſerver aux couvercles des vaſes, ſur nos tables & dans les cuiſines; de même les vapeurs qui s'arrêtent dans une région élevée & moins chaude, reprennent la forme aqueuſe. Le feu cherchant le niveau comme tous les fluides, les abandonne & ceſſe de les volatiliſer, dans un milieu plus froid, moins fourni de particules ignées, & elles ſe forment en gouttes d'eau qui, plus peſantes que le volume d'air qu'elles déplacent, retombent ſur la terre. Le feu qui ſe combine avec un corps, le rend plus léger, & le ſoutient dans l'air, comme un morceau de liege que l'on attache à une pierre, la ſoutient dans l'eau, lorſque le volume des deux corps réunis ſe trouve n'être point plus peſant que celui du fluide qu'il déplace. Les métaux réduits en chaux ſont plus peſans qu'a-

Warheit welche keiner weitern Erklärung bedarf. Die Dünste des kochenden Waſſers löſsen ſich in Tropfen auf, wenn ſie an einer kältern Oberfläche aufgehalten verden; ein Phänomen welches man zu Tiſche und in der Küche an den Deckeln der Gefäſſe bemerken kann; eben ſo nehmen auch die Dünſte, welche in einer höhern und weniger warmen Region aufgehalten werden, ihre wäſſerichte Form wieder an. Da das Feuer, wie alles Flüſſige, das Gleichgewicht ſucht, ſo verläſst es in einer kältern mit weniger Feuertheilen verſehenen Mitte die Dünſte, und hört auf ſie zu verflüchtigen; ſie bilden ſich alſo in Waſſertropfen welche, da ſie ſchwerer ſind als der Luftraum den ſie einnehmen, wieder auf die Erde fallen. Das Feuer welches ſich mit einem Körper vermiſcht, macht ihn leichter und erhält ihn ſchwebend in der Luft wie ein Stein, den man an ein Stück Korkholz bindet, in dem Waſſer empor gehalten wird, wenn das Gewicht der beiden vereinten Körper nicht ſchwerer iſt als das Gewicht des Flüſſigen deſſen Raum ſie einnehmen. Die Metalle, wenn ſie zu Kaclken ge-

vant cette opération, quoiqu'ils y aient perdu une portion de leur subſtance, parce qu'ils ont perdu une portion des particules de feu qui entroient dans leur compoſition. Il eſt difficile, Madame, d'être clair & concis ; la ſuite de nos entretiens vous fournira les éclairciſſemens que ces détails peuvent encore vous laiſſer à deſirer. Tous les phénomenes de phyſique ſe tiennent & ſe ſecondent réciproquement, & il eſt impoſſible de les démontrer tout à la fois.

La Baronne. Hélas, Monſieur, tout eſt neuf pour moi. Vous ouvrez à mes idées une carriere qui m'eſt entiérement inconnue. Les premiers pas que j'y fais ſont ceux de l'enfance. Je dois me contenter d'appercevoir les objets que je connoîtrai mieux un jour.

Le Médecin. Après vous avoir parlé, Madame, des nuages qui forment la pluie, il eſt ſuperflu de vous entretenir des brouillards. Ce ſont des nuages dont pluſieurs cauſes arrêtent l'aſcen-

brannt werden ſind ſchwerer als vorher, ob ſie gleich dadurch einen Theil ihrer Subſtanz verlohren haben; denn ſie haben auch einen groſſen Theil der Feuertheilchen verlohren welche ſich in ihrer Zuſammenſetzung befanden. Es iſt ſchwer, gnädige Frau, deutlich und kurz zugleich zu ſeyn. Die Folge unſerer Uunterredungen wird Ihnen die Aufklärungen geben, welche das ebengeſagte Ihnen noch zu wünſchen übrig läſst. Alle Phänomene der Phyſik ſind mit einander verbunden und unterſtützen ſich wechſelsweiſe, und es iſt doch unmöglich ſie alle zugleich zu erklären.

D. B. Ach! alles iſt noch neu für mich. Sie eröffnen meinen Ideen eine denſelben ganz unbekannte Laufbahn. Die erſten Schritte die ich hinein thue ſind Schritte eines Kindes. Ich muſs mich damit begnügen Gegenſtände bloſs wahrzunehmen die ich einſt beſſer kennen lernen werde.

D. M. Da ich nun ſchon mit Ihnen von den Wolken welche den Regen erzeugen, geſprochen habe, ſo iſt es überflüſſig Sie auch von dem Nebel zu unterhalten. Es ſind Wolken die aus

ſion; mais je dois vous prévenir que la roſée n'eſt point une pluie comme quelques perſonnes le croient.

La Tante. Encore une innovation! De grace, Monſieur, laiſſez ce pauvre globe tel qu'il a été de tous les temps....

La Baronne. Mais en effet, ma Tante, dans les jours les plus ſereins, ſans qu'il ait paru aucun nuage, ſans que l'on s'apperçoive d'aucune pluie, nous voyons la terre, les plantes, nos vêtemens, couverts de cette humidité que l'on nomme roſée.

Le Médecin. On donne le nom de roſée à des phénomenes très différens. La nuit qui ſuit un jour très chaud, & lorſque l'air eſt calme, les plantes tranſpirent plus abondamment, & cette ſecrétion ne ſe diſſipe point dans l'atmoſphere, juſqu'à ce que le ſoleil l'ait raréfiée & volatiliſée. Mais la véritable roſée s'éleve de la terre, dans ces mêmes circonſtances, & il eſt rare qu'elle monte aſſez haut pour retomber en gouttes d'eau. On remarque qu'elle mouille principalement le deſ-

verschiedenen Ursachen am Aufsteigen verhindert werden; das muss ich Ihnen aber zum voraus sagen dass der Thau kein Regen ist wie einige Leute glauben.

D. T. Schon wieder eine Neuerung! O lassen Sie doch den armen Erdball, wie er von jeher gewesen ist....

D. B. Aber in der That, gnädige Tante, an den heitersten Tagen wo gar keine Wolcke, gar kein Regen erscheint, sehen wir die Erde, die Pflanzen und unsere Kleider mit derjenigen Feuchtigkeit bedekt, welche man Thau nennt.

D. M. Den Nahmen Thau legt man sehr verschiedenen Phänomenen bey. In Nächten die auf heisse Tage folgen, und wann die Luft sehr stille ist, dünsten die Pflanzen häufiger aus; und diese Absonderung vertheilt sich nicht eher in der Atmosphäre als bis die Sonne sie verdünnt und verflüchtigt hat. Der wirkliche Thau aber entsteigt unter den nemlichen Umständen, der Erde, und es ist selten dass er hoch genug empor steige um wieder in Wasser-Tropfen herunter zu fallen. Man bemerkt dass es besonders den untern Theil der Blät-

ter

fous des feuilles des végétaux & des autres corps qu'elle rencontre.

La Baronne. Nous voilà tombés fans y penfer, fur le chapitre des plantes; je vous propoferai, Monfieur, d'en faire le fujet de notre premier entretien. Je vois maintenant qu'avant d'approfondir l'intéreffante étude de la phyfique, je dois me familiarifer avec celles des opérations de la nature dont les yeux peuvent fuivre la marche & les progrès.

La Tante. Je ne ferai pas fâchée de voir comment le Docteur nous prouvera que les végétaux tranfpirent. Je ne m'étonnerois pas de lui entendre attribuer à ces êtres inanimés les fonctions dont nous fommes fufceptibles.

Le Médecin. C'eft, Madame, ce qui ârrivera, & j'efpere vous convaincre plus facilement fur ce point que fur ceux que vous m'avez conteftés.

CINQUIEME

ter der Vegetabilien und andere Körper, die er antrift, benezt.

D. B. Da ſind wir ja, ohne daran zu denken, wieder auf das Kapitel von den Pflanzen gekommen und ich wollte Ihnen wohl den Vorſchlag thun dies zum Gegenſtand unſerer nächſten Unterhaltung zu machen. Ich ſehe jezt ein, daſs ich mich vorher mit denjenigen Operationen der Natur bekannt machen muſs, deren Gang und Fortſchritte das Auge wahrnehmen kann, ehe ich das ſo intereſſante Studium der Phyſick ergründen will.

D. T. Ich möchte wirklich auch ſehen, wie unſer Doktor es beweiſen wird, daſs die Pflanzen ausdünſten. Ich werde mich nicht wundern wenn ich höre daſs er dieſen unbelebten Dingen, menſchliche Functionen beilegt.

D. M. Das wird auch geſchehen, Madam, und ich hoffe Sie über dieſen Punkt leichter zu überzeugen als über die andern von Ihnen beſtrittenen Punkte.

CINQUIEME ENTRETIEN.

La Baronne. J'ai maintenant quelque idée des élémens, & je conçois que le mouvement & la circulation de la matiere par l'intermede du feu peuvent expliquer les phénomenes de la vie physique & des variations continuelles qu'éprouvent les corps. Mais ce mouvement dans les animaux est entretenu par la respiration. Vous avez comparé la vie des végétaux à celle des animaux, les plantes cependant n'ont point de poumons.

Le Médecin. Il est aussi, Madame, beaucoup d'animaux qui en sont privés. Les chenilles & plusieurs autres reptiles reçoivent l'air par des ouvertures placées des deux côtés de leur corps & dans toute sa longueur. Au reste, le jeu de l'air & ses effets sur la machine animale par l'aspiration & la respiration, peuvent être com-

FÜNFTE UNTERHALTUNG.

D. B. Ich habe jezt eine Idee von den Elementen und begreife daſs die Bewegung und die Circulation der Materie vermittelſt des Feuers, alle Phænomene des phyſiſchen Lebens und die beſtändigen Veränderungen der Körper erklären können. Allein bey den Thieren wird dieſe Bewegung durch die Reſpiration erhalten. Sie haben das Leben der Vegetabilien mit dem Leben der Thiere verglichen. Die Pflanzen haben aber doch keine Lungen.

D. M. Viele Thiere haben deren auch keine. Die Raupen und verchiedene andere Thiere empfangen die Luft durch die an beiden Seiten ihres Körpers der Länge nach angebrachten Oeffnungen. Uebrigens kann das Spiel der Luft und ihre Wirkungen auf die thieriſche Maſchine durch Aſpiration und Reſpiration, mit dem Spiel des *Perpendikels* in

parés à celui du pendule dans une horloge, du balancier dans une montre. Ils donnent au mouvement la forme convenable pour produire les effets vitaux, en reglent la marche, & dirigent la circulation du ſang & des humeurs. La ſeve circule dans les plantes comme le ſang dans les animaux; mais cette circulation eſt moins réguliere; elle eſt ſujette à l'influence des ſaiſons, à celle de la température de l'atmoſphere; l'aſpiration de l'humidité par les racines, & par les pores abſorbans multipliés ſur leur ſurface; l'agitation de leurs tiges, & ſurtout des feuilles dans un grand nombre d'eſpeces, concourent auſſi à remplir d'une maniere convenable à la vie végétale, l'objet des poumons pour la vie animale.

La Tante. Ah ! nous y voilà; les plantes reſpirent; elles ont des veines, un ſang qui circule;.... mais, Monſieur, l'eau qu'elles pompent par leurs racines n'eſt autre choſe qu'un aliment néceſſaire à leur accroiſſement.

Le Médecin. L'eau que les plantes

einer Wanduhr oder der *Unruhe* in einer Taſchenuhr verglichen werden. Sie geben der Bewegung die gehörige Form zur Hervorbringung der Lebenswirkungen; ſie ordnen ihren Gang und leiten den Umlauf des Bluts und der Säfte. Der Saft circulirt in den Pflanzen, wie das Blut in den Thieren; allein dieſe Circulation iſt nicht ſo regulär, ſie iſt dem Einfluſs der Jahrszeiten, der Temperatur der Atmoſphäre unterworfen; das Einſaugen der Feuchtigkeit durch die Wurzeln und durch die auf ihrer Oberfläche vielfältigen einſaugenden Poren; die Bewegung der Stengel und beſonders der Blätter bey einer groſſen Menge von Gattungen, tragen auch dazu bey, auf eine dem Pflanzenleben ſchickliche Art, das zu bewirken was beym thieriſchen Leben die Lunge bewirkt.

D. T. Aha, da ſind wir ja auf dem Punkt; die Pflanzen athmen, ſie haben Adern, ein umkreiſendes Blut.... Allein, Herr Doktor, das Waſſer, welches ſie durch ihre Wurzeln einpumpen, iſt nichts anders als ein zu ihrem Wachsthum nöthiges Nahrungsmittel.

D. M. Das Waſſer welches die Pflan-

aſpirent par leurs racines, leur tranſmet les particules néceſſaires à leur accroiſſement; les arroſemens dans un terrein maigre ne produiront que des plantes foibles, ſi leur conformation exige une nourriture ſubſtantielle. Les fleurs étoient toutes formées dans l'oignon qui vegete ſur vos cheminées, dans des caraffes. L'eau à laquelle vous avez réduit ces plantes bulbeuſes pour toute nourriture, n'a fait qu'aider à leur développement. Avant de plonger l'oignon dans le fluide vivificateur, vous auriez, au moyen d'une loupe, reconnu la plante toute entiere au centre des écailles qui l'enveloppoient. Mais ce développement opéré, il ne reſte plus rien de la plante; la bulbe eſt vuide; aucune particule de matiere propre à entrer dans la compoſition du végétal ne lui ayant été tranſmiſe, le germe de la plante qui devoit naître dans les mêmes enveloppes ne s'eſt point formé, & votre oignon ne produira point de fleurs l'année ſuivante. Quelques-unes de ſes écailles ſe développeront en-

zen durch ihre Wurzeln ſaugen, verſchaft ihnen die zu ihrem Wachsthum nöthigen Theilchen, das Begieſſen auf einem magern Erdreich wird nichts als ſchwache Pflanzen hervorbringen wenn ihre Bildung eine kräftige Nahrung heiſcht. Die Blumen waren ſchon völlig gebildet in der Zwiebel die in Caraffinen auf Ihren Caminen vegetirt. Das Waſſer welches Sie dieſen Pflanzen zur einzigen Nahrung gaben, half blos zu ihrer Entwikelung. Ehe Sie die Zwiebel in das belebende Flüſſige tauchten, hätten Sie mit einem Vergröſſerungsglas die ganze Pflanze in dem Mittelpunkt der ſie umgebenden Schuppen erkennen können. Allein ſobald dieſe Entwikelung geſchehen iſt, bleibt nichts mehr von der Pflanze übrig. Die Zwiebel iſt alsdann leer; da der Pflanze kein zu ihrer Zuſammenſetzung geeignetes Theilchen Materie mitgetheilt worden iſt, ſo hat ſich der Keim der Pflanze, welcher in der nehmlichen Hülle enſtehen ſollte, nicht gebildet und Ihre Zwibel wird aufs künftige Jahr keine Blumen hervorbringen. Einige ihrer Schuppen werden ſich zwar

core en forme de feuilles ; mais il lui faudra la nourriture qu'il retire de la terre dans la faiſon de fa plus vigoureuſe végétation, pour ſe former une plantule parfaite que l'intermede de l'eau ſuffira encore pour développer. Les plantes en général n'ayant qu'une faiſon d'état parfait, ce n'eſt qu'à un ſecond printemps que la floraiſon de votre Jacinte ou de votre Narciſſe pourra encore récréer vos yeux & flatter votre odorat.

La Baronne. Je devine ce que c'eſt qu'une plante bulbeuſe, & je vous demanderai bientôt quelles ſont les différences qui exiſtent entre les végétaux; mais je ne vous tiens pas quitte des notions que vous m'avez promiſes ſur leurs fonctions générales. Par exemple, vous nous parlez de circulation de la ſeve avec autant d'aſſurance que vous le feriez de la circulation du ſang dont on a les preuves les plus évidentes....

Le Médecin. Coupez, Madame, cette

noch in der Form von Blättern entwikkeln, allein sie hat doch diejenige Nahrung welche sie zur Jahrs-zeit der stärksten Vegetation aus der Erde zieht, nöthig, um wieder einen vollkommenen Keim zu bilden, zu dessen Entwickelung das Wasser wieder hinreichend ist. Da die Pflanzen überhaupt nur eine Jahrszeit des vollkommenen Zustandes haben, so kann erst in einem zweyten Frühling die Flur Ihrer Hiacinthen oder Narcissen Ihr Auge wieder ergötzen und Ihrem Geruch schmeicheln.

D. B. Ich errathe schon was eine zwiebelartige Pflanze ist und ich werde Sie bald fragen welch ein Unterschied unter den Vegetabilien ist; allein ich spreche Sie von den Begriffen welche Sie mir über die allgemeinen Functionen derselben zu geben versprochen haben, nicht loss. Z. B. haben Sie von einer Circulation des Pflanzensafts mit so vieler Gewissheit gesprochen, als Sie von der Circulation des Bluts sprechen würden, wovon man die überzeugendsten Beweise hat....

D. M. Schneiden Sie diese Schwalben-

éclaire (*), ne remarquez-vous pas le ſuc jaune qui en ſort de différens vaiſſeaux; voyez les veines de cette feuille de laitue qui rendent un ſuc blanc quand vous les piquez ou que vous les rompez....

La Tante. Docteur, j'ai là un pied d'œillet fort malade, ne croyez-vous pas qu'il lui faudroit une petite ſaignée ?

Le Médecin. Nos jardiniers font ſouvent faire aux plantes des excès qui les rendent malades; ils les forcent de nourriture ou les condamnent à une diète trop ſévere; alors quelquefois une ſaignée leur feroit utile, on y ſupplée par l'amputation; la faculté que les végétaux ont de reproduire de nouveaux membres, fait que cette opération n'eſt pas à leur égard de la même conſéquence que pour les animaux.... Des ligatures & les expériences que vous croirez propres à vous aſſurer de la circulation du ſuc végétal leveront tous vos doutes à ce ſujet. En nous entretenant un jour des

(*) Chelidonium.

wurz (*) entzwey, Madame; sehen Sie nicht den gelben Saft welcher an verschiedenen Gefässen herauskömmt? Sehen Sie die Adern dieses Lattichblattes, welche einen weissen Saft von sich geben, wann Sie sie stechen oder brechen.

D. T. Herr Doktor, ich habe da einen Nelckenstock der sehr krank ist; glauben sie nicht dass er eine kleine Aderlass nöthig hat?

D. M. Unsere Gärtner verleiten oft die Pflanzen zu Uebertreibungen, welche sie krank machen; sie überladen sie bald mit Nahrungsmitteln, bald verdammen sie dieselben zu einer allzustrengen Diät; dann würde ihnen manchmal eine Aderlass nicht undienlich seyn; man ersezt sie durch Amputation; das Vermögen der Pflanzen, wieder neue Glieder hervorzubringen, macht dass diese Operation bey ihnen nicht so wichtig ist als bey den Thieren.... Binden, und die Versuche durch welche Sie am besten von der Circulation des Planzensafts überzeugt werden zu können glauben, werden über diesen Punkt alle

---

(*) *Schellkraut*, Chelidonium.

moyens que l'on emploie pour recevoir la ſeve & les humeurs de certaines plantes, au profit des arts & de nos beſoins, j'aurai l'occaſion de vous faire connoître pluſieurs de ces expériences. Alors nous ne ſaignons point les plantes pour leur ſanté, mais pour notre avantage.

La Baronne. L'anatomie des plantes n'a rien qui répugne, & cette étude doit être fort intéreſſante. Elle doit même donner quelque idée de celle des animaux, puiſqu'il y a tant d'analogie & de points de reſſemblance entre ces deux eſpeces de corps organiſés.

Le Médecin. Cette reſſemblance va plus loin, Madame, que vous ne l'imaginez peut-être. Les anciens avoient obſervé que certains individus de la même eſpece étoient ſtériles, & leurs fleurs d'une ſtructure différente; ils ſavoient que le palmier à fruit n'en rapportoit aucun, s'il ſe trouvoit trop éloigné de celui qui n'en rapportoit

Ihre Zweifel heben. Wann wir uns einſt von den Mitteln unterhalten werden welche man anwendet um die Säfte und die Feuchtigkeiten verſchiedener Pflanzen zum Nutzen der Künſte und unſerer Bedürfniſſe zu ſammeln, ſo werde ich Gelegenheit haben Ihnen verſchiedene dieſer Experimente zu zeigen. Dann laſſen wir den Pflanzen nicht ihrer Geſundheit, ſondern unſers Vortheils wegen zur Ader.

D. B. Die Anatomie der Pflanzen hat nichts abſchreckendes und muſs ein ſehr intereſſantes Studium ſeyn. Sie muſs uns auch eine Idee von der Anatomie der Thiere geben, weil ſo viele Analogie und Aehnlichkeitspunkte zwiſchen dieſen beiden Gattungen von organiſirten Körpern ſind.

D. M. Dieſe Aehnlichkeit geht weiter als Sie es vielleicht denken ſollten. Die Alten hatten beobachtet daſs gewiſſe Individuen der nehmlichen Gattung unfruchtbar und ihre Blüte von einem ander Bau waren; ſie wuſsten daſs die Frucht-Palme keine Frucht hervör brachte wenn ſie zu weit von der nicht fruchtragenden Palme entfernt war, und

point; & pour le rendre fécond, ils entremêloient à ses branches des rameaux de fleurs, cueillis sur le palmier stérile; ils n'ont point eu cependant d'idée nette des sexes qui distinguent les plantes comme les animaux. C'est seulement dans le siecle dernier que Johnston, Ray & quelques autres naturalistes en ont parlé clairement; & ces savans ont encore laissé à notre siecle la gloire de connoître que cette loi de reproduction est générale dans les deux regnes organiques. Vaillant, au commencement de ce siecle, est le premier qui ait fait de cette découverte l'objet d'un travail particulier, dont il a offert l'hommage à l'académie des sciences de Paris. On a crié, suivant l'usage, à l'hérésie, & quoique le grand Linné ait poussé cette vérité à la démonstration la plus évidente, il est encore des partisans de la génération spontanée pour certaines familles au moins du regne végétal.

La Baronne. Ainsi, Monsieur, la distinction de mâle & de femelle, que

um sie fruchtbar zu machen, schlangen Sie Blütenzweige von unfruchtbaren Palmen in die Aeste der Erstern; dennoch hatten sie keinen deutlichen Begriff von den Geschlechtern welche die Pflanzen wie die Thiere unterscheiden. Erst im lezten Jahrhundert haben Johnston Ray und einige andere Naturkündiger deutlich davon gesprochen und auch diese Gelehrten haben unserm Jahrhundert den Ruhm gelassen zu erkennen dass diese Wiederhervorbringung in den beiden organischen Reichen dieselbe ist. Vaillant ist der erste welcher zu Anfang dieses Jahrhunderts diese Entdeckung zum Gegenstand einer besondern Arbeit machte, welche er der Pariser Academie der Wissenschaften zueignete. Man schrie sogleich, wie gewöhnlich, über Ketzerey, und obgleich der grosse Linné diese Warheit bis zum evidentesten Beweis gebracht hat, so giebt es doch noch Anhänger der spontanen Zeugung, wenigstens bey gewissen Familien des Pflanzenreichs.

D. B. Also ist die Unterscheidung des männlichen und weiblichen Geschlechts, welche man bey einigen Pflanzen, z. B. dem

l'on fait à l'égard de quelques plantes, par exemple du chanvre, n'est point une simple dénomination.

Le Médecin. Elle est souvent mal appliquée dans l'usage. On appelle communément chanvre mâle celui qui porte la graine, & le chanvre fécondant est précisément celui auquel on a donné le nom de femelle. C'est une ancienne méprise. Cette plante est très propre à prouver que le concours des deux sexes est nécessaire à la fructification des végétaux. Isolez un pied de chanvre à fruit, de celui que l'on nomme si mal-à-propos chanvre mâle; observez qu'à une certaine distance il n'y ait aucun individu du prétendu chanvre femelle, toutes les fleurs avorteront, & vous n'aurez pas une seule graine. J'en ai fait dix fois l'expérience.

La Baronne. Cependant nous voyons souvent des individus uniques d'une plante rapporter des graines....

Le Médecin. Le plus grand nombre des plantes renferme les deux sexes dans la même fleur; dans quelques

dem Hanf, gebraucht, nicht eine bloſſe Benennung?

D. M. Sie wird im Gebrauch oft übel angewendet. Man nennt gewöhnlich denjenigen Hanf den männlichen welcher den Saamen trägt, und den Namen weiblich hat man grade dem befruchtenden Hanf gegeben. Das iſt ein alter Irrthum. Eben dieſe Pflanze iſt ganz dazu gemacht zu beweiſen daſs die Mitwirkung beider Geſchlechter zur Befruchtung der Vegetabilien nöthig iſt. Setzen Sie eine Hanfſtaude von denjenigen welchen man ſo uneigentlich männlichen Hanf nennt, allein; geben Sie dabey Acht das auf eine gewiſſe Entfernung kein Individuum des vorgeblichen weiblichen Hanfes ſtehe, ſo wird alle Blüte miſsgebähren und Sie werden kein einziges Saamenkorn bekommen. Ich habe mehr als zehnmal die Probe damit gemacht.

D. B. Dennoch ſehen wir oft einzeln ſtehende Individuen von Pflanzen Saamen tragen....

D. M. Der gröſste Theil der Pflanzen ſchlieſt die beiden Geſchlechter in der nehmlichen Blüte in ſich; bey einigen

especes, ils sont sur des fleurs différentes qui croissent sur le même pied. Le châton du noisetier est la fleur mâle ; il se desseche & tombe lorsque le fruit est formé dans la fleur femelle. Le mays (bled de Turquie) dont nous avons précisément sous les yeux un pied en pleine floraison, rendra ma démonstration complette, Cet épi qui ressemble en quelque sorte à celui de l'avoine, porte les fleurs mâles. Celui dont la forme rappelle celle d'une pomme de pin, renferme les fleurs femelles. Si avant la maturité on eût coupé l'épi de fleurs mâle, ce pied ne porteroit aucune graine, à moins que le vent ne lui eût apporté de la poussiere échappée aux fleurs d'un autre pied voisin. Quand nous examinerons la structure intérieure des fleurs, vous verrez les capsules où est renfermée cette poussiere qui, transportée par le vent, ou par d'autres moyens que nous aurons l'occasion d'observer, va former avec le germe du fruit une crystallisation....

Gattungen ſind ſie in den verſchiedenen Blüten welche am nehmlicher Stamme ſind. Das Kätzchen an der Haſelſtaude iſt die männliche Blüte; ſie troknet und fällt ab, ſobald die Frucht in der weiblichen Blüte gebildet iſt. Der Mays (türkiſches Korn) wovon wir grade eine Staude in völliger Blüte vor uns haben, wird meine Erklärung vollenden. Dieſe Aehre, welche einigermaſſen den Haberähren gleicht, trägt männliche Blüte. Die Aehre aber welche einem Tannzapfen nicht unähnlich iſt, enthält die weibliche Blüte. Wenn man nun vor der Reife die männliche Blütenähre weggeſchnitten hätte, ſo würde dieſe Staude keine Saamenkörner tragen, wenn ihr nicht der Wind den Blumenſtaub von einer benachbarten Staude zugeweht hat. Wann wir einmal den innern Bau der Blumen unterſuchen, ſo werden Sie die Kapſel oder Beutel ſehen in denen jener Staub enthalten iſt der, wenn er durch den Wind oder durch ein anders Mittel (die wir auch beobachten wollen) überbracht wird, mit dem Fruchtknoten eine Kriſtalliſation bildet....

La Tante. Permettez-moi, Monſieur le Profeſſeur, de vous remettre ſur la voie; nous ſommes ſur le chapitre des végétaux, & je ſais, très-bien, moi qui ne ſuis d'aucune faculté, que ce ſont les ſels qui ſe cryſtalliſent.

Le Médecin. Je vous en demande pardon, Madame, mais je ne retirerai point le mot que j'ai prononcé. Tout réſulte des formes; chaque corps adopte celle qui lui eſt propre; cette forme générale eſt le produit de la combinaiſon de celles des parties qui le compoſent; le procédé qui réunit ces parties, dont l'analogie des formes produit un corps déterminé, n'eſt-il pas une vraie cryſtalliſation, telle que celle des minéraux?

La Baronne. Ceci devient un peu trop abſtrait. Continuons à obſerver. Je devine que vous allez me préſenter ce lys comme un exemple des fleurs qui renferment les deux ſexes. Cette pouſſiere jaune eſt certainement celle dont vous parliez à l'inſtant. Le fruit du lys qui commence à paroître au milieu de la fleur, en eſt couvert.

D. T. Erlauben Sie, Herr Professor, dass ich Sie wieder auf den rechten Weg leite; wir sind jezt an den Pflanzen, und ich weiss sehr wohl, ob ich gleich zu keiner Facultät gehöre, dass sich bloss die Salze kristallisiren.

D. M. Ich bitte um Verzeihung, Madam, aber ich nehme meinen Ausdruk nicht zurük. Alles folgt aus den Formen; jeder Körper nimmt diejenige an, welche ihm eigen ist; diese allgemeine Form ist das Produkt von der Combination der Formen der Theile, aus welchen er zusammengesezt ist. Die Handlung welche diese Theile, deren Analogie der Formen einen bestimmten Körper hervorbringt, vereinigt, ist sie nicht eine wahre Kristallisation, wie die der Mineralien?

D. B. Das wird ein wenig zu abstract. Fahren wir lieber fort zu beobachten. Ich errathe schon dass Sie mir diese Lilie als ein Beispiel von Blumen welche beide Geschlechter enthalten, zeigen werden. Dieser gelbe Staub ist vermutlich derjenige, wovon Sie so eben sprachen? Die Frucht der Lilie, die jezt mitten in der Blume zu erschei-

Elle y pénetre ſans doute pour y produire la graine au moyen de ce que vous nommez cryſtalliſation.

Le Médecin. Il eſt certain, Madame, que la pouſſiere fécondante ne pénetre point dans l'intérieur du fruit où les graines ſont déjà en apparence toutes formées. C'eſt l'un des myſteres de la nature qui échappent encore aux obſervations des ſavans. Ils croient que chaque grain de pouſſiere n'eſt qu'une véſicule dont le contenu ſeul très ſubtil s'inſinue dans les enveloppes de la graine à demi-formée, & y fait naître le germe au moyen de ce que Madame votre Tante ne me permet pas de nommer une cryſtalliſation.

La Tante. Au moins, Monſieur, vous conviendrez que ce terme eſt fort mal choiſi, puiſqu'il ſignifie la formation d'un cryſtal.

Le Médecin. On l'a déjà étendue à des ſubſtances fort différentes du cryſtal. Il en eſt de ce mot comme de beaucoup d'autres que l'on a imaginés pour des cas particuliers, ſans prévoir que l'on en auroit beſoin pour

nen beginnt, ist ganz damit bedeckt. Er dringt ohne Zweifel hinein um das Saamenkorn, durch das was Sie Kristallisation nennen, hervorzubringen.

D. M. Es ist sicher, Madam, dass der Befruchtungsstaub nicht in das Innere der Frucht wo die Saamenkörner dem Anschein nach schon ganz gebildet sind, eindringt. Das ist eins von den Geheimnissen der Natur, welche noch den Beobachtungen der Gelehrten entschlüpfen. Diese glauben jedes Staubkörnchen sey blos ein Bläschen dessen sehr subtiler Innhalt in die Hüllen des halbgebildeten Saamenkorns dringt und dort den Keim erzeugt, vermittelst dessen was Ihre Frau Tante mir nicht erlauben wollen Kristallisation zu nennen.

D. T. Sie werden wenigstens gestehen dass dieser Ausdruk schlecht gewählt ist, indem er die Bildung eines Kristals bedeutet.

D. M. Man hat ihn schon auf Substanzen ausgedehnt welche von dem Kristal sehr verschieden sind. Es geht mit diesem Ausdruk wie mit vielen andern die man für besondere Fälle ersonnen hat, ohne vorherzusehen dass man ihrer

exprimer des idées générales. Il vaut mieux les conserver que d'en créer dont on ne pourroit saisir aussi bien la signification.

La Tante. Ma Nièce, le Docteur nous en a dit de belles aujourd'hui; il faut un peu laisser reposer notre entendement. Donnons-lui à souper à condition qu'il ne nous entretiendra pas de ses bisarres systêmes.

---

bedürfen würde um allgemeine Ideen auszudrüken. Es ist besser sie beyzubehalten, als neue zu schaffen deren Bedeutung man nicht so leicht fassen kann.

D. T. Frau Nichte, heute hat uns der Herr Doktor wieder schöne Sachen gesagt; wir müssen unsern Verstand ein wenig ruhen lassen. Wir wollen den Herr Doktor zum Nachtessen behalten, mit dem Beding dass er uns nicht mit seinen seltsamen Systemen unterhalte.

SIXIEME ENTRETIEN.

La Tante. Il me prend une nouvelle peur. Je sais que, des sublimes théories qui mettent notre intelligence & notre crédulité à de fortes épreuves, les naturalistes descendent souvent à une nomenclature insipide & rebutante. On m'a souvent dit que la botanique étoit une science de mots, hérissée de termes barbares à laquelle nos oreilles ne pourront jamais s'accoutumer.

Le Méd. Ah, Madame, ces fleurs, ces fruits qui sont le charme de trois de nos sens, peuvent-ils jamais être complices des dégoûts que la marche scholastique attache à leur étude ? Le regne végétal que J. J. Rousseau a nommé le plus beau, le plus riche des trois regnes de la nature, comprend l'épine comme la rose ; mais nous le parcourrons sans désagrémens

SECHSTE UNTERHALTUNG.

D. T. Es wird mir aufs neue bange; ich weiſs daſs die Naturkündiger von ihren erhabenen Theorien, welche unſere Faſſungskraft und unſere Leichtglaubigkeit ſehr auf die Probe ſtellen, oft zu einer geſchmakloſen und widrigen Nomenclatur herabſinken. Es iſt mir oft geſagt worden die Botanik wäre eine Wort-Wiſſenſchaft, mit barbariſchen Ausdrüken geſpikt, an die ſich unſer Ohr nie gewöhnen könne.

D. M. O Madam, können dieſe Blumen, dieſe Früchte welche drey unſerer Sinne entzüken, können dieſe je die Mitſchuldigen des Eckels ſeyn der dem ſcholaſtiſchen Gange des Studiums auf dem Fuſse folgt? Das Pflanzenreich welches J. J. Rouſſeau das ſchönſte, das reichſte der drey Reiche der Natur nannte, enthält den Dorn wie die Roſe; allein wir duchgehen es ohne Unanneh-

& sans peines. On peut démontrer toutes les parties des plantes & leurs fonctions sans employer cette foule de termes empruntés du grec qui vous effraient, & *l'on peut être un grand Botaniste sans connoître une seule plante par son nom.*

La Baronne. Pour cette fois, Monsieur, ce sera moi qui crierai au paradoxe.

Le Médecin. Ce paradoxe, Madame, est du grand philosophe que je viens de nommer, & vous ne tarderez pas à penser comme lui. Lorsqu'en considérant certaines parties d'une plante qui vous est entiérement inconnue, vous pourrez trouver en un instant la page, la ligne où elle est nommée dans un Catalogue méthodique, ne serez-vous pas Botaniste plus habile que l'Herboriste routinier qui nomme d'après le jugement très-incertain du coup d'œil les plantes qui lui ont déjà passé par les mains?

La Baronne. Et vous m'assurez, Monsieur, que ce n'est pas une connoissance très difficile à acquérir!

Le Médecin. Il n'existe point encore

lichkeit und Mühe. Man kann alle Theile der Pflanzen und ihre Functionen erklären ohne jenen Schwarm aus dem Griechischen entlehnter, abschreckender Wörter zu gebrauchen und *man kann ein grosse Botaniker seyn ohne eine einzige Pflanze nach ihrem Nahmen zu kennen.*

D. B. Diesesmal werde ich über paradoxe Behauptungen schreyen.

D. M. Und doch rührt sie von dem grossen Philosophen her, den ich so eben nannte, und Sie werden bald eben so denken als er. Wenn Sie, indem Sie gewisse Theile einer Pflanze betrachten die Ihnen ganze unbekannt ist, in einem Augenblik die Bogenseite, die Zeile angeben können, wo diese Pflanze in einem methodischen Verzeichniss genannt ist, sind Sie dann nicht ein geschikterer Botaniker als der Kräuterhändler aus blossem Schlendrian, der die Pflanzen welche ihm schon durch die Hände gegangen sind, nach einer sehr ungewissen Beurtheilung des Gesichts nennt?

D. B. Und Sie versichern mich dass dies keine schwer zu erlangende Kenntniss wäre!

D. M. Es giebt noch keine volkom-

de méthode parfaite ; mais il eſt peu de plantes dont on ne puiſſe, en ſuivant celle que nous devons au grand Linné, déterminer le *genre*, par la conſidération ſeule de quelques parties de la fleur. Les plantes qui ne different entr'elles que par la forme & la poſition des feuilles, ſont autant d'*eſpeces* qui appartiennent au même *genre*. On les diſtingue par des ſurnoms comme des freres & ſœurs.

La Tante. C'eſt un plaiſant homme que votre Linné qui range, dit-on, à côté l'un de l'autre, dans ſon biſarre ſyſtême, l'ortie & le bouleau ; l'érable des bois & l'arroche de notre potager.

Le Médecin. Dans le regne animal, l'éléphant & la ſouris appartiennent également à la claſſe des quadrupedes ; le gros bouldogue & le petit caniche ſont tous deux évidemment des chiens. Au reſte, Linné a ſenti lui-même que ſon prétendu ſyſtême n'étoit qu'une méthode artificielle & commode, puiſqu'il a travaillé longtems à ranger les plantes en familles naturelles. Aucun

mene Methode; aber es giebt wenig Pflanzen deren *Geschlecht*, wenn wir der Methode des grossen Linné folgen, wir nicht durch die blosse Betrachtung einiger Theile der Blüte, bestimmen könnten. Die Pflanzen, welche bloss durch die Form und die Stellung ihrer Blätter von einander unterschieden sind, machen eben so viele *Gattungen* aus die zum nemlichen *Geschlecht* gehören. Man unterscheidet sie durch Zunahmen wie Geschwister.

D. T. Euer Linné muss ein comischer Mann seyn, da er, wie man sagt, in seinem sonderbaren System die Brennessel und die Birke, den Ahorn aus dem Walde und die Melde (Hünerbiss) aus unsern Gärten neben einander sezt.

D. M. Im Thierreich gehören der Elephant und die Maus ebenfalls beide in die Classe der vierfüssigen Thiere, der grosse Bullenbeisser und das kleine Pudelhündchen sind beide ohne Widerspruch Hunde. Uebrigens hat Linné selbst gefühlt dass sein vorgebliches System nur eine künstliche und bequeme Methode wäre, weil er lange daran gearbeitet hat die Pflanzen in natürliche

Familien

Botaniste n'a pu encore y réussir d'une maniere satisfaisante. Quelques-unes de ces familles sont cependant bien déterminées, & je me propose de vous les faire connoître en même temps que nous considérerons les parties caractéristiques des plantes. Reprenons le lys; la grandeur de sa fleur & des parties qu'elle renferme, en rend l'observation facile. Cette partie extérieure qui a la forme d'un vase divisé en plusieurs segmens, s'appelle la corolle. Au milieu de son intérieur on voit une espece de petite colonne dont une partie devient le fruit, comme Madame la Baronne l'a déjà remarqué. Cette colonne s'appelle le *Pistil*; sa base renflée en cylindre avec trois angles arrondis renferme les graines qui commencent à se former; on nomme *style* le prolongement plus étroit qui s'éleve sur cette base; le style est couronné par une espece de chapiteau avec trois échancrures, ce chapiteau s'appelle Stigmate.

Entre le pistil & la corolle, vous

Familie zu ordnen. Keinem Botaniker ist dieses noch auf eine befriedigende Art gelungen. Einige dieser Familien sind aber dennoch völlig bestimmt und ich werde Sie damit bekannt machen wann wir die characteristischen Theile der Pflanzen betrachten. Lassen Sie uns zur Lilie zurück kehren; die Grösse ihrer Blume und der Theile weche sie enthält macht ihre Beobachtung leicht. Dieser äussere Theil welcher die Gestalt eines in verschiedene Abschnitte eingetheilten Gefässes hat, heist die *Blumenkrone.* Mitten in ihrem Innern sieht man eine Art keeiner Säule aus deren einem Theil die Frucht entsteht, wie die Frau B. schon bemerkt haben. Diese Säule heisst der *Stempel*; sein cylindermäsig dick werdender Untertheil mit drey gerundeten Winkeln enthält die Saamenkörner welche sich zu bilden anfangen; *Staubweg* nennt man die schmale Verlängerung welche von diesem Untertheil in die Höhe steigt; den Staubweg krönt eine Art von Kranz mit drey Ausschnitten; dieser Kranz wird die *Narbe* genennet.

Zwischen dem Stempel und der Blu-

trouvez les six étamines ; on nomme filet la partie de l'étamine qui porte l'anthere. Cette anthere qui la termine est une boëte qui s'ouvre quand elle est mûre, & répand la poussiere jaune dont nous avons déjà parlé.

Le lys manque d'une des parties constitutives d'une fleur parfaite, savoir le calice. Le calice est cette partie verte qui soutient & embrasse, par le bas, la corolle, & qui l'embrasse toute entiere avant son épanouissement, comme vous le voyez dans ce bouton de rose. Le calice manque à la plupart des *liliacées*, comme la Tulipe, la Jacinthe, le Narcisse, la Tubéreuse &c., & l'oignon, le porreau, l'ail, qui sont de véritables liliacées, quoiqu'elles paroissent fort différentes au premier coup-d'œil. Les tiges des liliacées sont simples & peu rameuses, les feuilles entieres & jamais découpées ; observations qui confirment dans

menkrone finden Sie die sechs männlichen Theile; Staubfaden wird derjenige Theil der männlichen Theile genannt welcher die Staubkolben trägt. Der Staubkolben ist eine Art Büchse welche sich öffnet wann sie reif ist und den gelben Staub verbreitet, wovon wir schon gesprochen haben.

Der Lilie fehlet einer der Theile woraus eine vollkommene Blume besteht, nehmlich die Blumendecke. Diese ist derjenige grüne Theil welcher von unten die Blumenkrone stüzt und umfast, und sie vor ihrem Aufblühen ganz umgiebt, wie sie aus dieser Rosenknospe sehen. Die Blumendecke fehlt den meisten Lilienartigen Blumen, als der Tulpe, der Hyacinthe, Narcisse, Tuberose, &c. und der Zwiebel, dem Lauch, dem Knoblauch welches auch wirkliche Lilienarten sind, ob sie gleich beym ersten Anblick ganz verschieden davon scheinen. Die Stengel der Lilienarten sind einfach und nicht vielzweigig, die Blätter ganz und nie gezakt; lauter Bemerkungen welche bey dieser Familie die Analogie der Blume und der Frucht

cette famille l'analogie de la fleur & du fruit, par celle des autres parties de la plante.

La Baronne. Voilà donc ce que vous entendez par une *famille naturelle.* Y a-t-il des ſignes bien reconnoiſſables & conſtans par leſquels on puiſſe diſtinguer toutes les plantes qui lui appartiennent?

Le Médecin. Les caracteres des familles naturelles ne ſont pas encore fixés de maniere à être facilement ſaiſis & à bannir toute incertitude. C'eſt ce qui fait le déſeſpoir des Botaniſtes, & concourt à faire donner la préférence, dans l'uſage, aux méthodes artificielles. Le nombre de ſix étamines, de ſix feuilles *(pétales)* ou diviſions de la corolle, quelquefois ſeulement de trois, & cette forme triangulaire à trois loges de la partie qui contient les graines, (*le péricarpe* ou *l'ovaire*) déterminent toute la famille des liliacées. En outre, dans cette nombreuſe famille les racines ſont toutes des oignons, ou *bulbes*, plus ou moins marqués & variés quant à leur figure & à leur compoſition. L'oignon du *lys* eſt

durch die Analogie der andern Theile der Pflanze bestättigen.

D. B. Das wäre es also was Sie unter einer *natürlichen Familie* verstehen. Giebt es sehr kennbare und festgesezte Zeichen durch welche man alle Pflanzen die dazu gehören, unterscheiden kann?

D. M. Die Charactere der natürlichen Familien sind noch nicht so fest bestimmt daſs sie leicht gefaſst und alle Ungewiſsheiten verbannt werden könnten. Dies ist die ewige Klage der Botaniker und trägt dazu bey daſs man dem Gebrauch der künstlichen Methoden den Vorzug giebt. Die Anzahl von sechs Staubfäden und sechs, manchmal auch drey Blumenblättern oder Theilen der Blumenkrone und jene dreyeckige Form mit drey Winkeln, desjenigen Theils welcher die Saamenkörner enthält, (das Saamengehäuse) bestimmen die ganze Familie der Lilienarten. Ausserdem sind alle Wurzeln dieser zahlreichen Familie zwiebelartig, mehr oder weniger ausgezeichnet, so wohl was ihre Gestalt als was ihren Bau betrifft. Bey der Lilie ist die Zwiebel von Hüllen zusammengesezt wovon eine die

composé d'écailles qui se recouvrent l'une dans l'autre ; dans l'*asphodele*, c'est une liasse d'especes de navets alongés ; dans le safran ce sont deux bulbes l'une sur l'autre ; dans le *colchique* à côté l'une de l'autre, mais toujours des bulbes.

La Baronne. Avant de porter mes idées sur l'histoire naturelle, j'avois déjà remarqué un air de famille entre plusieurs plantes assez différentes d'ailleurs. Par exemple, je trouvois de la ressemblance, sur-tout par les fleurs, entre le navet, le cresson & la gérofiée ; entre la carotte & le persil....

Le Médecin. Eh bien, Madame, en suivant ces observations vagues & faites sans dessein, vous parviendriez à classer vous-même un grand nombre de plantes en familles naturelles. Un jugement sain suffit en matiere d'observation. Vous venez d'indiquer deux familles de végétaux bien déterminées. Outre la ressemblance de formes, vous aurez pu sur-tout en reconnoître une dans les saveurs ; j'ajouterai qu'elle

andere bedeckt; bey der Asphodille ist es ein Bündel von einer Art länglichter Rüben; beym Saffran sind es zwey Zwiebelwurzeln eine auf der andern; bey der Zeitlose (Colchicum) eine neben der andern, aber doch immer Zwiebelwurzeln.

D. B. Ehe ich meine Gedanken auf die Naturgeschichte richtete, bemerkte ich schon unter mehrern Pflanzen, die ausserdem sehr verschieden vo. einander waren, ein gewisses Familiengesicht. Z. B. fand ich, besonders was die Blüte betrifft, eine Aehnlichkeit zwischen der Stekrübe, der Kresse und der Levkoye; zwischen der gelben Rübe und der Petersilie...

D. M. Nun, Madam, wenn Sie solchen ohne Zwek und von Ongefehr gemachten Beobachtungen nachgehen, werden Sie sich selbst eine grosse Anzahl Pflanzen in natürliche Familien ordnen. Sie haben so eben zwey völlig bestimmte Pflanzenfamilien angegeben. Ausser der Aehnlichkeit der Form hätten Sie dieselbe auch im Geschmak finden können; auch kann man noch ihre Aehnlichkeit in den medic nischen

existe dans les propriétés médicinales. Ayant mis en principe que tout résulte des formes ; l'odeur, le goût & les propriétés comme la figure, vous ne serez pas étonnée que j'insiste sur ce point ; mais ces analogies sont susceptibles de beaucoup de nuances.

La Baronne. Je suis enchantée de voir que je ne me suis point trompée en rapprochant le navet, la gérofiée & quelques autres plantes ; j'étois botaniste sans le savoir. Les feuilles de ces plantes ont en effet, les unes comme les autres, un goût plus ou moins âcre....

Le Médecin. Elles sont aussi plus ou moins anti-scorbutiques. Considérons leurs formes générales. Je choisis une fleur de gérofiée simple ; les fleurs doubles sont des monstres produits par la culture ; la nature ne s'y trouve plus ; lorsque la partie la plus brillante, la corolle, se multiplie, c'est aux dépens des parties plus essentielles qui disparoissent sous cet éclat.

Vous voyez le calice au dehors de la fleur ; il est composé de quatre

Eigenſchaften hinzuſetzen. Da ich einmal als Grundſatz angenommen habe daſs alles aus den Formen erhellt, Geruch, Geſchmak und die Eigenſchaften ſo wie die Geſtalt; ſo werden Sie ſich nicht wundern wenn ich auf dieſem Punkt beſtehe; allein dieſe Aehnlichkeiten ſind vieler Nüancen fähig.

D. B. Es freut mich ſehr daſs ich mich nicht betrog als ich die Stekrübe, die Levkoye und andere Pflanzen zu einander ordnete; ich war alſo Botaniker ohne es zu wiſſen. Wirklich haben die Blätter dieſer Pflanzen alle einen mehr oder minder herben Geſchmak...

D. M. Sie ſind auch mehr oder minder antiſcorbutiſch. Laſſen Sie uns ihre allgemeine Formen betrachten. Ich wähle eine einſache Levkoyenblume, denn die doppelten werden durch Pflege hervorgebracht; die Natur iſt nicht mehr dabey; wenn der brillanteſte Theil, die Blumenkrone, vervielfältigt wird, ſo geſchicht es auf Koſten wichtigerer Theile, die alsdann mit dieſem Glanz verſchwinden.

Sie ſehen die Blumendecke auſſerhalb der Blume; ſie iſt aus vier Theilen zu-

pieces, ordinairement inégales de deux en deux. Dans ce calice vous trouvez une corolle composée de quatre pétales, dont la couleur est indifférente. La couleur ne fait point caractere ; mais ces pétales sont disposées en croix, ce qui a fait donner aux plantes de cette famille le nom de *Cruciferes* ou *Cruciformes*. Au centre est un pistil alongé, terminé par un style très-court, à l'extrêmité duquel est le stigmate partagé en deux parties. Les étamines sont au nombre de six, avec cette singularité qui caractérise les cruciformes, que deux se trouvent, en opposition l'une de l'autre, sensiblement plus courtes que les quatre autres qui les séparent, & qui en sont aussi séparées de deux en deux. Lorsque la fructification est opérée, la partie inférieure du pistil, destinée à renfermer les graines, & que nous appellons l'ovaire, s'alonge beaucoup & devient une espece de gousse plate que l'on nomme silique.

ſammengeſezt, welche gewöhnlich von zwey zu zwey Theilen ungleich ſind. In der Blumendecke finden Sie eine Blumenkrone die aus vier Blumenblättern beſteht, deren Farbe nichts verſchlägt; denn die Farbe macht kein Characterzeichen aus; dieſe Blumenblätter aber ſind ins Kreutz geſtellt, deswegen hat man den Pflanzen von dieſer Familie den Nahmen der *Kreuztragenden* oder *Kreuzförmigen* gegeben. Im Mittelpunkt iſt ein länglichter Stempel, der ſich mit einem ſehr kurzen Staubweg endigt, an deſſen Ende ſich die in zwey Theile geſonderte Narbe befindet. Der Staubfäden ſind ſechs, mit der Sonderbarkeit welche alle kreuzförmigen auszeichnet; nemlich daſs ihrer zwey gegen einander ſtehen und merklich kürzer ſind als die vier andern welche ſie trennen und ebenfalls je zwey und zwey von einander abgeſondert ſind. Wenn die Befruchtung geſchehen iſt, ſo verlängert ſich der untere Theil des Stempels welcher beſtimmt iſt den Saamen zu enthalten und daher Saamengehäuſe heiſt, ſehr, und wird zu einer Art von platter Hülſe, die man Schote nennt.

Cette ſilique eſt compoſée de deux valvules poſées l'une ſur l'autre, & ſéparées par une cloiſon fort mince. Quand les graines ſont mures, ces valvules s'écartent par le bas, & reſtant attachées au ſtigmate, elles les laiſſent tomber & ſe ſemer d'elles-mêmes. La nature, à laquelle nos jardiniers n'abandonnent pas ce ſoin, a donné aux plantes des moyens très variés de répandre leurs graines. Dans les unes, c'eſt une exploſion violente du fruit, qui envoie au loin les ſemences parvenues à une maturité parfaite (*); les noyaux & les pepins ſont tranſportés & ſemés par les animaux qui ne les digerent point; le vent porte au haut des montagnes & diſtribue ſur une vaſte étendue de terrain les ſemences garnies de larges membranes ou ornées d'aigrettes (**). Il en eſt qui s'attachent aux habits & aux poils des animaux pour rem-

(*) Les balſamines; le concombre ſauvage, *Momordica elaterium*.

(**) Les hiéracium & preſque toutes les plantes à fleurs compoſées, les ſcabieuſes, &c.

Diese Schote besteht aus zwey aufeinander liegenden und durch ein dünnes Häutchen getrennten Klappen. Wann der Saame reif ist, so thun sich diese Klappen unten auseinander, und indem sie an der Narbe hängen bleiben, lassen sie den Saamen fallen um sich selbst auszusäen. Die Natur, welcher unsere Gärtner dieses Geschäft nicht überlassen, hat den Pflanzen vielerley Mittel zur Ausbreitung ihres Saamens gegeben. Bey einigen ist es eine heftige Explosion der Frucht, welche den zur völligen Reife gekommenen Saamen auswirft (1). Die Steine und Kerne werden durch Thiere, welche sie nicht verdauen, verbreitet und ausgesäet; der Wind verjagt den mit breiten Häuten oder Büschen versehenen Saamen auf die höchsten Berge und verbreitet ihn sehr weit (2) Es giebt auch Saamen, der sich an die Kleidung und die Haare der Thiere, zu dem nemlichen Behuf, an-

(1) Die Balsaminen, die wilde Kukummer.

(2) Das Habichtskraut, die Scabiose, fast alle Pflanzen mit zusammengesezten Blüten.

plir le même objet (*) ; certaines plantes recourbant avec force leurs tiges chargées de graines, les enfoncent elles-mêmes dans la terre (**). Vous découvrirez de ces merveilles à chaque pas que vous ferez dans la carriere de l'histoire naturelle. C'est un plaisir que l'étude des plantes & celle des insectes réservent à ceux qui les observent, & qui dédommage bien de la peine des recherches.

La Tante. Ma Nièce, voilà des faits, si je ne me trompe, & je sens que j'aurai du plaisir à les vérifier. Je suis vraiment fâchée de n'avoir pas su tout cela plutôt.

La Baronne. Quel ordre admirable regne dans la nature ! & qui peut le considérer sans être profondément ému? Ce spectacle est une grande leçon pour les athées.

Le Médecin. Aussi n'en trouve-t-on point parmi les naturalistes... Vous connoissez déjà, Madame, deux familles végétales bien caractérisées, les liliacées

(*) La bardanne *Lappa*, le grateron *galium*.

(**) Le Cabaret, *asarum*.

fezt (3). Gewisse Pflanzen biegen mit Gewalt ihre mit Samen beladenen Stengel und stecken sie selbst in die Erde (4). Auf jedem Schritte den Sie in der Laufbahn der Naturgeschichte thun, werden Sie solche Wunder entdecken. Das Studium der Pflanzen und Insekten ist ein dem Beobachter aufbewahrtes Vergnügen, welches ihn für die Mühe der Untersuchungen reichlich entschädigt.

D. T. Das, meine Nichte, scheinen mir Thatsachen zu seyn, unn ich fühle, dass es mich freuen würde, sie zu bewähren. Es thut mir leid, das alles nicht eher gewust zu haben.

D. B. Welch eine wunderbare Ordnung herscht in der Natur! und wer kann sie ohne tiefe Rührung betrachten? Dieses Schauspiel ist eine grosse Lektion für die Atheisten.

D. M. Man findet deren auch keine unter den Naturkündigern... Sie kennen nun, meine Gnädige, schon zwey völlig characteristische natürliche Pflanzenfamilien, die Lilienarten und die Kreuz-

(3) Die Klette, das Labkraut.

(4) Die Haselwurz.

förmigen

& les cruciferes. Avançons dans votre potager. Cette planche de pois vous offre l'exemple d'une troisieme famille, l'une des plus nombreuses & des plus utiles; celle des *Papilionacées* ou *Légumineuses*.

Les fleurs sont régulieres dans les deux premieres familles que nous avons examinées: de tel côté qu'on les regarde, elles offrent à l'œil la même forme. Les Papillonnacées, nommées ainsi, parce que l'on a cru y voir quelque chose de semblable à la figure d'un papillon, sont nommées irrégulieres. Elles doivent cette dénomination à l'irrégularité des différentes parties de la corolle. Le grand Petale qui forme le haut de la fleur se nomme le *Pavillon* ou *l'Etendart*. Il faudroit, dit J. J. Rousseau, se boucher les yeux & l'esprit pour ne pas voir que ce Petale est là, comme un parapluie, pour garantir ceux qu'il couvre des injures de l'air.

En enlevant le pavillon, vous remarquerez qu'il est emboîté de chaque côté par une petite oreillette dans les pieces latérales, de maniere que sa situation ne puisse être dérangée par le vent.

förmigen. Lassen Sie uns nun in ihrem Küchengarten weiter gehen. Dieses Erbsenbeet zeigt Ihnen das Beispiel eines der zahlreichsten und nützlichsten, das Geschlecht der *Schmetterlings*- oder *Hülsenartigen* Blumen.

Bey den zwey ersten Familien welche wir untersucht haben, waren die Blüten regelmässig; von welcher Seite man sie auch besah, zeigten sie dem Auge die nemliche Gestalt. Die Schmetterlingsblumen (so genannt weil man eine Aehnlichkeit mit der Gestalt eines Schmetterlings darinnen zu finden glaubte) werden unregelmässig genennt. Diese Benennung rührt von der Unregelmässigkeit der verschiedenen Theile ihrer Blumenkrone her. Das grosse Blumenblatt welches den obern Theil der Blume bildet heisst die *Fahne*. Man müsste, sagte Rousseau, blind und dumm seyn, wenn man nicht sehen wollte dass dieses Blumenblatt da ist um, wie ein Regenschirm, das was es bedeckt, vor der ungestümmen Witterung zu schützen.

Wenn Sie die Fahne wegnehmen, so werden Sie bemerken dass sie an jeder

Ces deux piéces latérales s'appellent les *ailes*. Vous voyez, en les détachant, qu'emboîtées encore plus fortement avec celle qui reste, elles n'en peuvent être séparées sans quelque effort. Aussi les ailes ne sont gueres moins utiles pour garantir les côtés de la fleur que le pavillon pour la couvrir.

Les ailes ôtées nous laissent voir la derniere piece de la corolle, piece qui couvre & défend le centre de la fleur, & l'enveloppe, surtout par dessous, aussi soigneusement que les trois pétales enveloppent le dessus & les côtés. Cette derniere piece qu'à cause de sa forme on appelle la *nacelle*, est comme le coffre-fort dans lequel la nature a mis son trésor à l'abri des atteintes de l'air & de l'eau.

Tirons doucement ce pétale par-dessous en le pinçant légérement par la quille, c'est-à-dire par la prise mince

Seite durch ein kleines Gehenke in den Seitenstüken, in einander gefügt ist, so dass ihre Lage durch den Wind nicht in Unordnung gebracht werden kann. Diese beiden Seitenstüke heissen *die Flügel.* Wenn Sie dieselben losmachen, so werden Sie sehen dass sie noch fester mit dem übrigen zusammengefügt sind und nicht ohne eine Art von Gewalt getrennt werden können. Auch sind sie eben so nüzlich die Seiten der Blumen zu schützen, als die Fahne es zu ihrer Bedeckung ist.

Wenn die Flügel wegenommen sind so lassen Sie uns das lezte Stük der Blumenkrone sehen; ein Stük welches den Mittelpunkt der Blume bedekt und schüzt und ihn besonders eben so sorgfältig umhüllt als die drey andern Blumenblätter das Obere und die Seiten. Dieser letzte Theil den man wegen seiner Gestalt *das Schiffchen* nennt, ist wie eine Geldkiste in welcher die Natur ihren Schatz vor der Anfällen der Luft und des Wassers gesichert hat.

Lassen Sie uns dieses Blumenblatt sanft wegnehmen indem wir es an dem Kegel, das heist an der dünnen Hand-

qu'il présente, de peur d'enlever avec lui ce qu'il enveloppe. — Décelons le mystere qu'il cache.

La Baronne. O prévoyante nature! je vois tout l'appareil de la fructification renfermé & garanti par tant d'admirables précautions. Continuez, Monsieur, je vous écoute & je vous suis de l'œil avec la plus grande attention.

Le Médecin. Une membrane cylindrique terminée par dix filets bien distincts, entoure l'ovaire, c'est-à-dire l'embryon de la gousse. Ces dix filets sont autant d'étamines qui se réunissent par le bas autour du germe. A leur extrémité se trouvent autant d'antheres jaunes dont la poussiere va féconder le stigmate qui termine le pistil que l'on distingue aisément des étamines par sa figure & par sa grosseur. Ainsi ces dix étamines forment encore autour de l'ovaire une derniere cuirasse pour le préserver des injures du dehors. Le suprême ouvrier, attentif à la conservation de tous les

habe welche sie zeigt, leicht zwicken, um das nicht zu verletzen was es umgiebt. — Lassen Sie uns das darunter verborgene Geheimniss ans Licht bringen.

D. B. O vorsichtige Natur! Ich sehe den ganzen Apparat der Befruchtung mit so vieler wunderbarer Vosichtigkeit eingeschlossen und geschüzt. Fahren Sie fort, mein Herr, ich sehe und höre Ihnen mit der grössten Aufmerksamkeit zu.

D. M. Ein cylindrisches Häutchen an dessen Ende zehn deutliche Fäden sind, umgiebt das Saamenbehältnis, das heist das Embryo der Hülse. Diese zehn Fäden sind eben so viele männliche Theile welche sich um den Fruchtknoten vereinigen. An ihren Enden finden sich eben so viele gelbe Staubkolben deren Staub die am Ende des Stempels befindliche Narbe befruchtet; den Stempel unterscheidet man leicht durch seine Gestalt und Dicke von den Staubfäden. So bilden also diese zehn männlichen Theile noch einmal einen Panzer um das Saamenbehältniss um es gegen Anfälle von Aussen zu beschützen.

êtres, a mis de grands ſoins à garantir la fructification des plantes, des atteintes qui lui peuvent nuire; mais il paroît avoir redoublé d'attention pour celles qui ſervent à la nourriture de l'homme & des animaux, comme la plupart des légumineuſes (*).

La Baronne. J'ai peine, Monſieur, à m'arracher au ſpectacle que vous avez la complaiſance de développer ſous mes yeux. Je n'en ai jamais connu de plus attachant & de plus digne de curioſité. Vous m'avez dit que les dix étamines des fleurs des plantes légumineuſes ſe réuniſſoient en cylindre autour du fruit. Cet étui doit nuire à l'accroiſſement de la gouſſe qu'il entoure, & le faire dépérir en le comprimant. On ne peut imputer aucune erreur à la nature, & je comparerois celle-ci à l'uſage des corps

(*) La feve, le haricot, la veſſe, la lentille, la vulnéraire, la régliſſe, la caſſe, l'indigo, ſont de cette famille.

Der erhabene Werkmeister, aufmerksam auf die Erhaltung aller Wesen, hat besonders grosse Sorgfalt dafür getragen die Befruchtung der Pflanzen gegen Schaden zu schützen; allein er scheint seine Aufmerksamkeit bey denjenigen Pflanzen verdoppelt zu haben, welche Menschen und Thieren zur Nahrung dienen, wie die meisten Hülsengewächse (*).

D. B. Ich kann mich fast nicht von dem Schauspiel trennen das Sie so gütig sind meinen Augen zu entwikeln. Nie kannte ich ein anziehenderes und der Neugierde würdigeres. Sie sagten mir dass die zehn Staubfäden sich in einem Cylinder um die Frucht vereinigten. Dieses Futteral muss aber dem Wachsthum der Hülse welche es umgiebt schaden, und sie verderben indem es sie zusammen drängt? Man darf der Natur keinen Irrthum zuschreiben, und ich würde diesen mit dem Gebrauch der Schnürbrüste bey den Kindern verglei-

---

(*) Die Bohne, die türkische Bohne, die Linse, Esparcette, Wundkraut, Süssholz, die Cassia, der Indigo sind von dieser Familie.

pour les enfans, cet usage que vous regardez comme destructif de l'espece humaine.

Le Médecin. Votre observation est très-juste, Madame, & vous avez raison de ne point soupçonner la nature d'une contradiction avec ses vues constantes de conservation & de reproduction. L'étamine qui forme la partie supérieure du cylindre, se détache à mesure que la fleur se fane & que le fruit grossit, & laisse une ouverture par laquelle ce fruit peut s'étendre en entr'ouvrant & écartant de plus en plus le cylindre, qui enfin se flétrit & se desseche quand le germe fécondé devient gousse & n'a plus besoin des autres parties de la fructification.

J'ai oublié de vous parler du calice qui supporte la fleur légumineuse. Vous le voyez d'une seule piece terminé par cinq points, dont deux un peu plus larges sont en haut, & les trois plus étroits en bas. Ce calice est recourbé par le bas, de même que le pédicule qui le soutient & qui est très

chen, einem Gebrauch, den Sie als zerstöhrend für das menschliche Geschlecht betrachten.

D. M. Ihre Bemerkung ist sehr richtig und sie haben recht die Natur keines solchen Widerspruchs mit ihren immerwährenden Absichten der Erhaltung und Wiedererzeugung, verdächtig zu halten. Von den Staubfäden, welche den Cylinder ausmachen, macht sich einer nach und nach loss, so wie die Blume verblüht und die Frucht grösser wird, und läst eine Oeffnung durch welche die Frucht sich ausbreiten kann indem sie den Cylinder immer mehr öffnet und auseinander drängt; dieser Cylinder aber verwelkt und fällt ab, wann der befruchtete Fruchtknoten zur Schote wird und der andern Befruchtungstheile nicht mehr nöthig hat.

Ich habe vergessen Ihnen etwas von der Blumendecke, welche die Blumen der Schotenarten trägt, zu sagen. Sie sehen dass sie aus einem Stük ist und sich in fünf Spalten endet wovon di zween breitern oben und die 3 schmalern unten sind. Diese Blumendecke ist unten gebogen, so wie auch der Blütenstiel

délié, très mobile, de ſorte que la fleur ſuit aiſément le courant de l'air & préſente ordinairement ſon dos au vent & à la pluie.

La Tante. Nous n'aurons pas de diſputes aujourd'hui, mon cher Docteur, je ſuis fort contente de vous. Je ſuis fâchée que la journée finiſſe, & je partage avec ma Niece l'impatience de vous entendre demain.

Le Médecin. Nous examinerons d'autres familles végétales qui n'offrent pas moins de ſingularités, & vous reconnoîtrez de plus en plus l'extrême fécondité de la nature, dans la diverſité des moyens qu'elle emploie à l'accompliſſement de ſes vues.

---

welcher ſie trägt und ſehr beweglich iſt, ſo daſs die Blume immer dem Zug der Luft nachgiebt und gewöhnlich Wind und Regen den Rücken darbietet.

D. T. Heute bekommen wir keinen Streit, lieber Herr Doktor, ich bin ſehr zufrieden mit Ihnen. Es thut mir leid daſs es Abend zu werden anfängt, und ich bin eben ſo begierig als meine Nichte Sie morgen wieder anzuhören.

D. M. Wir werden noch mehrere Pflanzenfamilien unterſuchen welche eben ſo viele Merkwürdigkeiten darbieten, und Sie werden immer mehr die auſſerordentliche Fruchtbarkeit der Natur in der Verſchiedenheit der Mittel welche ſie zur Erlangung ihrer Entzweke anwendet, erkennen.

SEPTIEME ENTRETIEN.

Le Médecin. Les plantes des trois familles que nous avons examinées, sont, à l'exception de quelques liliacées, toutes *polypétales*, c'est à-dire que leur corolle est composée de plusieurs pieces. J'aurois dû commencer peut-être par celles dont la corolle est d'une seule piece, que l'on nomme *monopétales*, & sur-tout par les monopétales régulieres, dont la structure est beaucoup plus simple: cette grande simplicité même est ce qui m'en a empêché. Les Monopétales régulieres constituent moins une famille qu'une grande nation, dans laquelle on compte plusieurs familles bien distinctes; en sorte que pour les comprendre toutes sous une indication commune, il faut employer des caracteres si généraux & si vagues, que c'est paroître dire quelque chose, en ne disant

SIEBENDE UNTERHALTUNG.

D. M. Die Pflanzen der drey Familien welche wir unterſucht haben ſind, einige Lilienarten ausgenommen, alle *mehrblätterig*, das heiſt ihre Blumenkrone beſteht aus mehreren Stücken. Vielleicht hätte ich mit denen anfangen ſollen, deren Blumenkrone aus einem Stük beſteht und die daher *einblättrig* genennet werden; beſonders mit den regelmäſſigen einblättrigen deren Struktur viel einfacher iſt: allein eben dieſe Simplicität iſt es was mich davon abhielt. Die regelmäſſigen Einblättrigen machen weniger eine Familie als vielmehr eine groſſe Nation aus in welcher man verſchiedene ſehr beſtimmte Familien zählt, ſo daſs, wenn man ſie alle unter eine gemeinſchaftliche Benennung faſſen will, man ſo allgemeine und unbeſtimmte Charaktere annehmen muſs, daſs man etwas zu ſagen ſcheint und im Grunde

en effet presque rien du tout. Il vaut mieux se renfermer dans des bornes plus étroites, mais qu'on puisse assigner avec plus de précision.

Parmi les monopétales irrégulieres, il y en a dont la physionomie est si marquée, qu'on les distingue à leur air du premier coup-d'œil. Ce sont celles auxquelles on donne le nom de fleurs en gueule, parce que ces fleurs sont fendues en deux levres dont l'ouverture, soit naturelle, soit produite par une légere compression des doigts, leur donne l'air d'une gueule béante. Cette branche se subdivise en deux sections ou lignées. L'une, des fleurs en levres ou *labiées*, l'autre, des fleurs en masque ou *personnées* : car le mot *persona* signifie un masque, nom très convenable assurément à la plupart des gens qui portent parmi nous celui de *personnes*. Le caractere commun à toute cette branche est non seulement d'avoir la corolle monopétale, &, comme je l'ai dit, fendue en deux levres ou babines, l'une supérieure appellée *casque*, l'autre inférieure appellée *barbe*, mais d'avoir quatre éta-

doch nichts ſagt. Es iſt beſſer, ſich in engere Gränzen einzuſchlieſſen wo man aber beſtimmtere Fingerzeige geben kann.

Unter den unregelmäſſigen Einblättrigen, giebt es ihrer deren Phyſionomie ſo ausgezeichnet iſt, daſs man die Familienglieder beym erſten Anblik erkennt. Es ſind dies die ſogenannten Rachenförmigen Blumen, weil dieſe Blumen in zwey Lippen geſpaltet ſind, deren entweder natürliche oder durch einen leichten Druk der Finger hervor gebrachte Oeffnung, ihnen das Anſehen eines aufgeſpeerten Rachens giebt. Dieſe Abtheilung wird wieder in zwey Linien oder Stämme eingetheilt., nemlich in die mit Lippen verſehenen oder *lippigen Blumen* und in die *Maskenblumen*... Der gemeinſchaftliche Character dieſer Abtheilung iſt nicht allein der, daſs ſie eine einblättrige Blumenkrone haben, die wie ich geſagt haben, in zwey Lippen oder Lefzen geſpaltet iſt und wovon eine die *Oberlippe* oder der *Helm* und eine die *Unterlippe* oder der *Bart* heiſst. — Sondern auch daſs ſie faſt in der nemlichen Reihe vier Staubfaden

haben

mines presque sur un même rang distinguées en deux paires, l'une plus longue & l'autre plus courte. L'inspection de l'objet vous expliquera mieux ces caracteres que ne peut faire le discours.

Prenons d'abord les *labiées*. Je vous en donnerois volontiers pour exemple la sauge ; mais la construction particuliere & bisarre de ses étamines, qui l'a fait retrancher, par quelques botanistes, du nombre des *labiées*, quoique la nature ait semblé l'y inscrire, me porte à chercher un autre exemple dans l'*ortie blanche*, que les botanistes appellent plutôt *lamier blanc*, parce qu'elle n'a nul rapport à l'ortie par sa fructification, quoiqu'elle en ait beaucoup par son feuillage. L'ortie blanche, si commune partout, & qui se trouve à ce moment sous vos pieds, porte une fleur monopétale labiée, dont le casque est concave & recourbé en forme de voûte, pour recouvrir le reste de la fleur, & particulierement ses étamines, qui se tiennent toutes quatre assez serrées sous l'abri de son toît. Vous discerz

nerez

haben, welche in zwey Paare eingetheilt sind wovon eines länger als das andere ist. Die Besichtigung des Gegenstandes wird Ihnen diese Charactere besser als blosses Reden erklären.

Zuerst wollen wir die *lippigen Blumen* nehmen. Ich würde Ihnen gerne die Salbey zum Beispiel geben, allein der besondere und sonderbare Bau ihrer Staubfäden weswegen sie einige Botaniker auch aus der Reihe der *lippigen Blumen* weggestrichen haben, obgleich die Natur selbst sie in diese Ordnung eingeschrieben zu haben scheint, bewegt mich ein anderes Beispiel in der *weissen Nessel* zu suchen die die Botaniker aber lieber *Lamium Album* nennen weil sie durch ihre Befruchtung nichts mit der Nessel gemein hat, wohl aber durch ihre Blätter. Die weisse Nessel, welche überall so gemein ist und sich jezt unter unsern Füssen befindet, trägt eine einblättrige, lippige Blume, deren Helm hohl und in Gestalt eines Gewölbes gebogen ist, um den Rest der Blume und besonders ihre Staubfäden zu bedecken, welche alle vier ziemlich nahe unter dem Schutz seines Daches stehen.

nerez aiſément la paire plus longue & la paire plus courte, & au milieu des quatre le ſtyle de la même couleur, mais qui s'en diſtingue en ce qu'il eſt ſimplement fourchu par ſon extrémité, au lieu d'y porter une anthere comme font les étamines. La barbe, c'eſt-à-dire, la levre inférieure ſe replie & pend en bas, & par cette ſituation, laiſſe voir preſque juſqu'au fond le dedans de la corolle. Dans les *lamiers*, cette barbe eſt refendue en longueur dans ſon milieu, mais cela n'arrive pas de même aux autres labiées.

Si vous arrachez la corolle, vous arracherez avec elle les étamines qui y tiennent par leurs filets, & non pas au réceptacle où le ſtyle reſtera ſeul attaché. En examinant comment les étamines tiennent à d'autres fleurs, on les trouve preſque généralement attachées à la corolle, quand elle eſt monopétale, & au réceptacle, ou au calice, quand la corolle eſt polypétale : en ſorte qu'on peut, en ce dernier cas, arracher les pétales ſans arracher les étamines. De cette obſervation l'on

Sie können leicht die zwey längere und die zwey kürzere erkennen, und in ihrer Mitte den Staubweg von der nemlichen Farbe; er unterscheidet sich aber dadurch dass er an seinem Ende blos gabelicht ist anstatt wie die Staubfäden einen Staubkolben zu haben. Der Bart, das heist die Unterlippe biegt sich herum und hängt unterwärts und läst durch diese Lage fast bis auf den Grund das Innere der Blumenkrone sehen. Bey den *Taubnesseln* ist diese Unterlippe in der Mitte der Länge nach gespalten, welches aber bey den andern lippigen Blumen der Fall nicht ist.

Wenn Sie die Blumenkrone wegreissen so reissen Sie auch die Staubfäden welche daran und nicht an dem Blumenboden fest halten, wo der Staubweg allein bleiben wird, mit hinweg. Wenn man untersucht wie die Staubfäden an andern Blumen festhalten, so findet man sie fast allgemein an der Blumenkrone befestigt wenn diese einblättrig ist, und an dem Blumenboden, oder an der Blumendeke, wenn die Blumenkrone vielblättrig ist; so dass man in letzterem Fall die Blumenblätter wegreissen kann,

tire une regle belle, facile, & même assez sûre, pour savoir si une corolle est d'une seule piece ou de plusieurs, lorsqu'il est difficile, comme il l'est quelquefois, de s'en assurer immédiatement.

La corolle arrachée reste percée à son fond, parce qu'elle étoit attachée au réceptacle; laissant une ouverture circulaire par laquelle le pistil, & ce qui l'entoure, pénétroit au dedans du tube & de la corolle. Ce qui entoure ce pistil dans le lamier & dans toutes les labiées, ce sont quatre embryons qui deviennent quatre graines nues, c'est-à-dire, sans enveloppe; en sorte que ces graines, quand elles sont mûres, se détachent & tombent à terre séparément. Voilà le caractere des labiées.

L'autre lignée ou famille, celle des *personnées*, se distingue des labiées, premierement par sa corolle, dont les

ohne die Staubfäden mit wegzureiſsen. Aus dieſer Bemerkung zieht man eine ſchöne, leichte und ſogar ziemlich ſichere Regel, zu wiſſen ob eine Blumenkrone aus einem oder mehreren Stüken beſteht, wenn es nemlich, wie dies manchmal der Fall iſt, ſchwer fällt ſich deſſen unmittelbar zu verſichern.

Die hinweggeriſſene Blumenkrone iſt an ihrem Boden durchbrochen weil ſie an dem Blumenboden feſtigt war, wobey eine cirkelförmige Oeffnung bleibt, durch welche der Stempel und das was ihn umgiebt in das Innere der Röhre und der Blumenkrone gedrungen war. Das was den Stempel bey der Taubneſſel und allen lippigen Blumen umgiebt, ſind vier Embryone, aus welchen vier nakte, das heiſst nicht mit Hüllen verſehene Saamenkörner werden; ſo daſs dieſe Saamenkörner, wann ſie reif ſind ſich loſsmachen und abgeſondert auf die Erde fallen. Dies iſt der Character der lippigen Blumen.

Der andere Stamm, nemlich die *Maskenblumen*, unterſcheidet ſich von den lippigen erſtlich durch ſeine Blumen-

deux levres ne ſont pas ordinairement ouvertes & béantes, mais fermées & jointes, comme vous le voyez dans cette *gueule de loup* (*) qui orne votre parterre, ou dans la linaire (**) cette belle fleur jaune à éperon, très multipliée dans la campagne, & dont j'apperçois un pied en pleine fleur ſur ce mur dégradé. Mais un caractere plus précis & plus ſûr, eſt qu'au lieu d'avoir quatre graines nues au fond du calice, les perſonnées y ont une capſule qui renferme les graines, & s'ouvre à leur maturité pour les répandre. L'odeur & les propriétés concourent, avec cette différence, à me faire regarder les labiées & les perſonnées comme deux familles bien diſtinctes. Les premieres ſont des plantes en général très odorantes. De ce nombre ſont les plantes aromatiques,

---

(*) Muffle de veau, *Antirrhinum Majus*. Linn.

(**) *Antirrhinum Linaria*. Linn.

krone, deren beide Lippen nicht gewöhnlich offen und klaffend, sondern geschlossen und zusammengefügt sind, wie Sie es an diesem *grosse Löwenmaul* (*) sehen, welches Ihr Parterre schmükt oder an diesem *leinartigen Löwenmaul* (**) jener schönen gelben Blume mit Spornen, die so gemein auf dem Felde ist und wovon ich einen Stok auf dieser verfallenen Mauer sehe. Allein ein bestimmterer und sicherer Character ist der, dass die Maskenblumen, anstatt vier nakte Saamenkörner auf dem Boden der Blumendecke zu haben, daselbst eine Kapsel besitzen, welche die Saamenkörner enthält und sich bey ihrer Reife öffnet um sie auszubreiten. Der Geruch und die Eigenthümlichkeiten der lippigen und Maskenblumen tragen nebst obigem Unterschied dazu bey dass ich sie als zwey völlig entschiedene Familien ansehe. Die erstern (lippigen) sind insgemein sehr wohlriechende Blumen. Unter diese Zahl gehören die aromatischen Pflanzen, als der Dost (Wohl-

---

(*) Kalbsnase, *Antirrhinum majus*, *Linn.*

(**) *Antirrhinum Linaria*, *Linn.*

telles que l'origan, la marjolaine, le thim, la menthe, le basilic, la lavande; celles dont l'odeur semble d'un genre différent, ont cependant des propriétés analogues. Les personnées sont sans odeur à quelques exceptions près. La puante scrophulaire nous en fournit une remarquable. Nous la verrons avec ses tristes fleurs arrondies en forme de grelot, aux bords de la marre qui termine votre potager. Chemin faisant nous trouverons les autres plantes que je vous ai citées, ainsi que plusieurs autres des cinq familles que vous connoissez déjà.

La Tante. Nous allons donc parler à notre tour ! Ce n'est pas un reproche, mon cher Docteur ; je ne me serois pas fait faute de vous interrompre, si j'en avois eu le desir; mais vous êtes parvenu à m'intéresser, & je vous répete que j'ai presque honte d'avoir tant vu de plantes dans ma vie, sans qu'il me soit seulement venu

gemuth) der Majoran, der Thymian, das Basilien, der Lavendel; diejenigen, deren Geruch von einer andern Art zu seyn scheint, haben dennoch analoge Eigenschaften. Die Maskenblumen sind, einige Ausnahmen abgerechnet, ohne Geruch. Die stinkende Scrophularie ist von diesen Ausnahmen eine der merkwürdigsten. Wir werden sie mit ihrer traurigen in Form eines Schellchens gerundeten Blume am Rand der Pfütze finden, welche am Ende Ihres Küchengartens ist. Unterwegs werden wir die übrigen von mir genannten Pflanzen so wie auch verschiedene andere von den Ihnen schon bekannten fünf Familien finden.

D. T. Ah nun kommt die Reihe zu sprechen auch einmal an uns. Doch dies soll kein Vorwurf seyn; ich würde mir kein Gewissen daraus gemacht haben Sie zu unterbrechen, wenn ich Lust dazu gehabt hätte, allein es ist Ihnen gelangen mich zu interessiren und ich wiederhole es, ich schäme mich fast dass ich in meinem Leben schon so viele Pflanzen gesehen habe ohne dass es mir einmal eingefallen wäre, sie könnten

à l'idée qu'elles puſſent faire l'objet d'une étude ſi attachante.

Le Méd. Madame la Baronne vient de cueillir un épi de fleurs dont elle reconnoît ſans doute la famille.

La Baronne. J'héſite, Docteur; je trouve à cette fleur la forme d'une labiée, & une forte odeur de géroſle qui me porteroit à la ranger dans cette claſſe; mais au bas de l'épi je vois des fruits déjà formés, & ce ſont des capſules....

Le Médecin. C'eſt pourquoi, Madame, on range cette plante, qui eſt l'*Orobanche*, au nombre des perſonnées. L'odeur n'eſt pas plus que la couleur, conſidérée comme une marque caractériſtique. Et je vous prie de vous rappeller que les Botaniſtes ſont encore bien peu avancés dans la connoiſſance des familles naturelles & des limites qui les ſéparent.

La Baronne. Je viens de cueillir cet orobanche ſur le tronc d'un pommier. Y a-t-il donc auſſi dans les végétaux des individus qui vivent aux dépens des autres?

der Gegenſtand eines ſo intereſſanten Studiums ſeyn.

D. M. Die Frau Baroneſſe haben ſo eben eine Blütenähre gepflükt, wovon ſie vermutlich die Familie kennen.

D. B. Ich ſtehe noch an, Herr Doktor; ich finde daſs dieſe Blume die Geſtalt einer lippigen hat und ein ſtarker Nelkengeruch verleitet mich faſt ſie unter dieſe Klaſſe zu ſetzen; allein unten an der Ahre ſehe ich ſchon gebildete Frucht und es ſind Kapſeln...

D. M. Deswegen rechnet man auch dieſe Pflanze, welche der Erbſenwürger (Orobanche) iſt, unter die Zahl der Maskenblumen. Der Geruch wird eben ſo wenig wie die Farbe als ein Charakterzeichen angeſehen. Auch bitte ich Sie ſich zu erinnern, daſs die Botaniker noch gar nicht weit in der Kenntniſs der natürlichen Familien, ſo wie der Gränzen, welche ſie trennen, gekommen ſind.

D. B. Ich habe dieſen Erbſenwürger auf dem Stamm eines Apfelbaumes gepflükt. Giebt es denn auch unter den Pflanzen ſolche Individuen welche auf Unkoſten anderer leben?

Le Médecin. Oui, Madame, & la nature nous donne par-là une leçon d'hoſpitalité. Outre l'orobanche, le lierre, le guy, la cuſcute & beaucoup d'autres plantes que l'on nomme pour cette raiſon paraſites, vous voyez ces mouſſes, ces agarics, ces champignons, la moiſiſſure même : ce ſont autant de végétaux qui implantent leurs racines ſur des corps vivans de leur eſpece, & y établiſſent leur habitation, comme la vermine ſur les animaux.

La Tante. Doucement, Docteur, n'allez pas vous brouiller de nouveau avec moi en ſoutenant que les champignons & la moiſiſſure ſont des plantes.

Le Médecin. Le microſcope nous aſſure que ces corps ſont organiſés. Ils adoptent conſtamment les mêmes formes, & l'on y remarque des parties qui ſont évidemment celles de la fructification, quoique l'on ne puiſſe pas les obſerver parfaitement. On ne connoiſſoit pas mieux, il y a deux cents ans, les moyens de reproduction des autres plantes, & même des inſectes.

D. M. Ja, meine Gnädige, und die Natur giebt uns darinnen eine Ermahnung zur Gastfreiheit. Sie sehen, ausser diesem Erbsenwürger, dem Epheu, der Mistel, der Flachsseide (Cuscuta, und vielen andern die man deswegen Schmarozerpflanzen nennt, noch diese Moose, diesen Lerchenschwamm, diese Schwämme, sogar diesen Schimmel; dies alles sind eben so viele Vegetabilien welche ihre Wurzeln auf die lebenden Körper ihrer Mitpflanzen setzen und ihre Wohnung daselbst nehmen, wie das Ungeziefer auf den Thieren.

D. T. Sachte, Herr Doktor, verunreinigen Sie sich nicht aufs neue mit mir, indem Sie behaupten dass Schwämme und Schimmel ebenfalls Pflanzen wären.

D. M. Das Vergrösserungsglas versichert uns dass diese Körper organisirt sind. Sie nehmen beständig dieselben Formen an und man bemerkt Theile an ihnen, welche ohne Widerspruch Befruchtungstheile sind, ob man sie gleich nicht vollkommen beobachten kann. Vor 200 Jahren kannte man die Wiederhervorbringung der andern Pflanzen, ja sogar der Insekten eben so wenig.

Personne ne doute que les fougeres soient des végétaux, & je ne pourrois cependant vous démontrer leurs fleurs ni recueillir leurs graines.

Fin de la premiere Partie.

Niemand zweifelt daran daſs das Farrenkraut eine Pflanze ſey und dennoch könnte ich Ihnen ſeine Blüte nicht erklären noch ſeine Saamenkörner ſammeln.

Ende des erſten Theils.

On trouve aux mêmes Adresses les Articles suivans :

Fl. Kr.

Gemählde der feinern Welt oder caracterische Züge, geheime politische, moralische und litterarische Anecdoten etc., mit 16 schönen Kupferstücken, *12.* 2 vol. 1787. 5

Necker (Joseph de) Elementa botanica, genera genuina, species naturales omnium vegetabilium detectorum, eorumque characteres diagnosticos ac peculiares exhibentia, secundùm systema omologicum seu naturale evulgata, cum tabulis separatis, Tomi III 8.

Ejud. Corollarium ad philosophiam botanicam Linnæi spectans, *8.*

Phytozoologie philosophique dans laquelle on démontre comment le nombre des genres & des especes concernant les animaux & les végétaux, a été limité & fixé par la nature, avec les moyens de donner l'histoire la plus complette & la plus parfaite de ces différens Corps organisés selon la découverte du systême naturel, par J. de Necker, 8. 1790, avec le portrait de l'Auteur. *Ces trois ouvrages avec un volume de planche séparé.* 13 45

Traité ou Description abrégée & méthodique des Minéraux, par le Prince D. de Gallitzin, nouv. édit. revue, corrigée & augm. par l'Auteur même, 4. *1794.* 2 45

Voyage en Chypre, en Syrie & en Palestine, traduit de l'italien de l'abbé Mariti, 12. 2 vol. *1791.* 2

Voyage de Miladi Craven à Constantinople par la Crimée, en *1786*, trad. de l'anglois, 8. 2

Le même, 18. *1792.* 45

Voyage sur le Rhin, depuis Mayence jusqu'à Dusseldorff, 2 vol. 8. fig. Neuvied *1791.* 3 36

Voyage en Syrie & en Egypte, pendant les années 1783, 84 & 85, par M. C. F. Volney, nouv. édition, 8. 3 vol. avec les *Ruines* du même auteur, 1792. 4 30

www.ingramcontent.com/pod-product-compliance
Ingram Content Group UK Ltd.
Pitfield, Milton Keynes, MK11 3LW, UK
UKHW022109260726
13993UKWH00001B/409

9 782329 261904